中学入試

集中レッスン

粟根秀史［著］

文英堂

この本の特色と使い方

小学校で習う算数の中でも，4年生から6年生の間に身につけておきたい内容，簡単な受験算数のコツを短期間で学習できるように作りました。

「短期間で，お気軽に，でもちゃんと力はつく」という方針で，次のような内容にしています。この本で勉強し，2週間でレベルアップしましょう。

1. 受験算数のコツが2週間で身につく

1日4～6ページの学習で，受験算数の考え方，解き方を身につけることができます。4日ごとに復習のページ，最後の2日は入試問題をのせていますので，復習と受験対策もふくめて2週間で終えられるようにしています。

2. 例題・ポイントで確認，練習問題で定着

例題，ポイント，練習問題の順にのせています。例題とポイントで学習内容を確認し，書きこみ式の練習問題で定着させることができます。

3. ドリルとはひと味ちがう例題とポイント

正しい解法を身につけられるように，例題の解答は，かなりていねいに書いています。また，例題の後には，見直すときに便利なポイントを簡単にまとめています。

例題とポイントで内容をしっかり確認してから問題に取り組めるようになっていますので，短期間で力をつけることができます。

もくじ

1日目 速さの3公式・速さのグラフ

例題 1-❶

次の問いに答えなさい。

(1) 960mの道のりを15分で歩く人の速さは，分速何mですか。

(2) 時速24kmで3時間20分進んだときの道のりは何kmですか。

(3) 78kmの道のりを時速30kmの自動車で行くと何時間何分かかりますか。

解き方と答え

(1) 「分速」とは，1分間に進む道のり✎ですから，この問題を言いかえると

「960mの道のりを15分で歩く人は，1分あたり何m歩きますか」となります。

よって，答えは

$960 \div 15 = \mathbf{64}$ **(m/分)** …答　← 進んだ道のり ÷ かかった時間 = 速さ

(2) 「時速」とは，1時間に進む道のり✎ですから，この問題を言いかえると

「1時間あたり24km進むと，3時間20分では何km進みますか」となります。

3時間20分 $= 3\frac{20}{60}$ 時間 $= 3\frac{1}{3}$ 時間

□分 $= \frac{□}{60}$ 時間

ですから，答えは

$24 \times 3\frac{1}{3} = \mathbf{80}$ **(km)** …答　← 速さ × かかった時間 = 進んだ道のり

(3) (1)，(2)と同様にして，この問題を言いかえると

「78kmの道のりを，1時間あたり30kmずつ自動車で行くと何時間何分かかりますか」となります。

$78 \div 30 = 2.6$ (時間)　← 進んだ道のり ÷ 速さ = かかった時間

0.6時間 $= 60$ 分 $\times 0.6 = 36$ 分より，答えは，**2時間36分** …答

ポイント

速さの3公式を使いこなそう！

- **速さ = 進んだ道のり ÷ かかった時間**
- **進んだ道のり = 速さ × かかった時間**
- **かかった時間 = 進んだ道のり ÷ 速さ**

解答➡別冊3ページ

練習問題 1-❶

1 次の□にあてはまる数を求(もと)めなさい。

(1) 秒速 7m＝分速□m　(2) 分速 45m＝時速□km

(3) 時速 24km＝分速□m　(4) 時速 72km＝ 秒速□m

2 次の□にあてはまる数を求めなさい。

(1) 54km の道のりを時速□km の自動車で行くと，1時間 21 分かかります。

(2) 時速 4.8km で歩くと 25 分かかる道のりは□km です

(3) 4km の山道を分速 50m で歩くと□時間□分かかります。

例題 1-❷

A 子さんは，家と公園の間を往復しました。右のグラフは，そのときの家を出てからの時間と家からのきょりの関係を表したものです。家から公園までは毎分 120m の速さで走りました。これについて，次の問いに答えなさい。

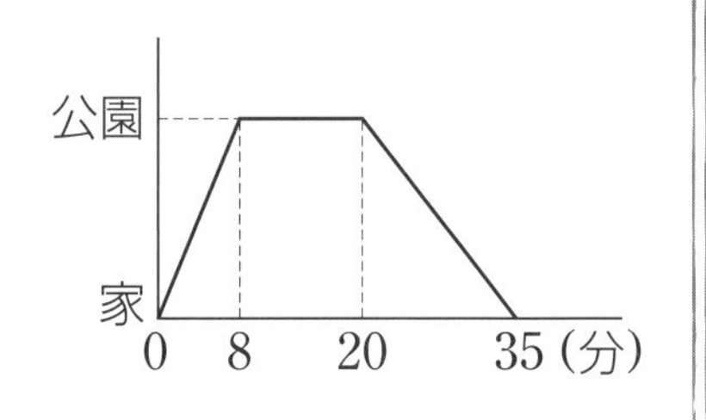

⑴ 家から公園までのきょりは何 m ですか。

⑵ 公園で何分間遊びましたか。

⑶ 公園から家にもどるときの速さは毎分何 m ですか。

解き方と答え

速さのグラフでは，グラフのかたむきが大きい(急である)ほど速さが速いことを表し，グラフの右上がり，右下がりによって進行方向を表しています。また，グラフが横軸に平行になっているときは，進行が停止していることを表しています。

公園
イ
ア
ウ
家
0　8　20　35 (分)

⑴ 右のグラフのアの部分に着目すると，家から公園まで 8 分かかっていることがわかりますから，求めるきょりは

120×8＝**960 (m)**　…㊟

⑵ 右のグラフのイの部分に着目すると，公園で遊んでいた時間(進行が停止していた時間)は

20－8＝**12 (分間)**　…㊟

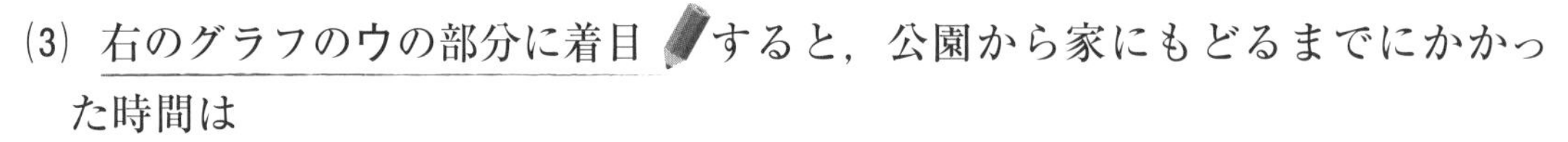

⑶ 右のグラフのウの部分に着目すると，公園から家にもどるまでにかかった時間は

35－20＝15 (分)

したがって，公園から家にもどるときの速さは

960÷15＝**64 (m/分)**　…㊟

ポイント

グラフの折れ曲がったところで区切って，それぞれの部分について，「速さ」「きょり」「時間」の関係をとらえよう！

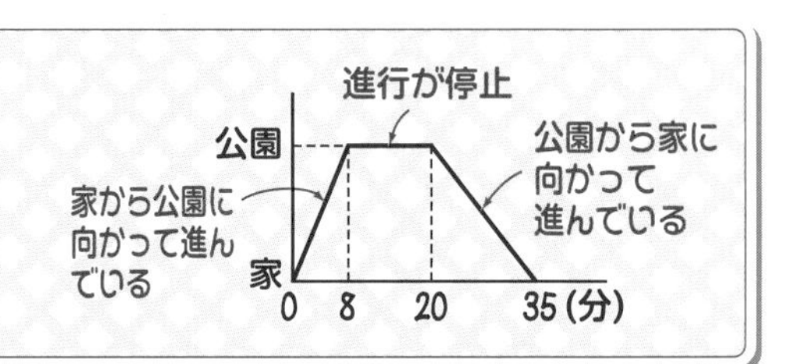

練習問題 1-❷

1 右のグラフは，たかしさんが家から15kmはなれたP地点まで行ったときの様子を表したものです。これについて，次の問いに答えなさい。

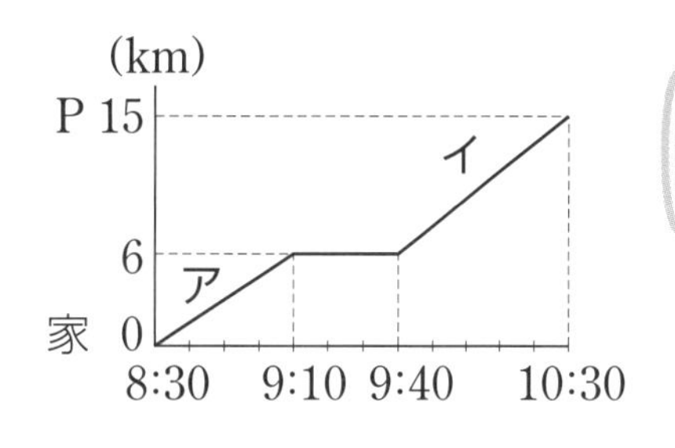

(1) アの部分では，たかしさんの進む速さは毎時何kmでしたか。

(2) イの部分では，たかしさんの進む速さは毎時何kmでしたか。

(3) 10時10分には，たかしさんは家から何kmのところにいますか。

2 ともこさんは家から駅まで毎分50mの速さで歩いて行こうとしましたが，と中で忘(わす)れ物をしたことに気づき，毎分150mの速さで走って家に帰りました。忘れ物を取ってすぐに家を出て毎分100mの速さで走って駅まで行きました。右のグラフは，はじめに家を出発してからの時間と，家からのきょりの関係(かんけい)を表したものです。これについて，次の問いに答えなさい。

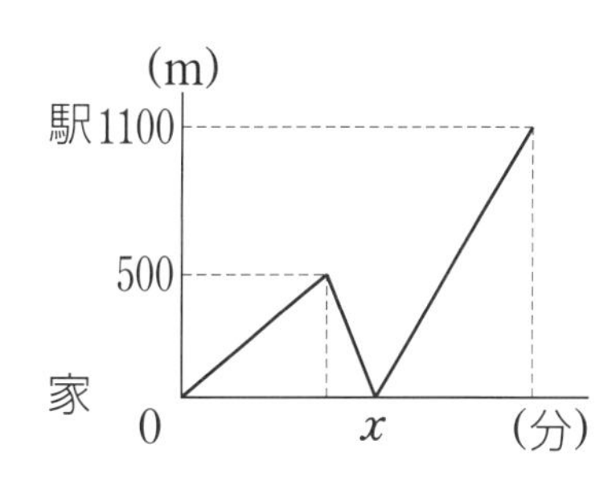

(1) グラフのxにあてはまる値(あたい)を求めなさい。

(2) 忘れ物をしないで，はじめの速さで駅まで歩いていたら，何分何秒早く駅に着いていましたか。

2日目 往復の平均の速さ・速さのつるかめ算

例題 2-❶

6km の坂道を，行きは毎時 3km，帰りは毎時 6km の速さで往復(おうふく)しました。このとき，往復の平均(へいきん)の速さは毎時何 km ですか。

解き方と答え

「往復の平均の速さ」は，往復の道のりを往復にかかった時間でわることで求(もと)められます。往復の道のりは　6×2=12 (km)
かかった時間は，行きが 6÷3=2 (時間)，帰りが 6÷6=1 (時間)
往復にかかった時間は　2+1=3 (時間)
したがって，往復の平均の速さは　12÷3=**4 (km/時)**　…答
※ (3+6)÷2=4.5 (km/時) としてはいけません。
「往復の平均の速さ」は「(行きの速さ+帰りの速さ)÷2」では求められません。
このことを，**例題 2-❶** を面積(めんせき)図で表すことによって確認(かくにん)してみます。

速さの 3 公式は，右の図 1 のように，長方形の縦(たて)を「速さ」，横を「かかった時間」，面積を「進んだ道のり」とする面積図を使って考えることができます。

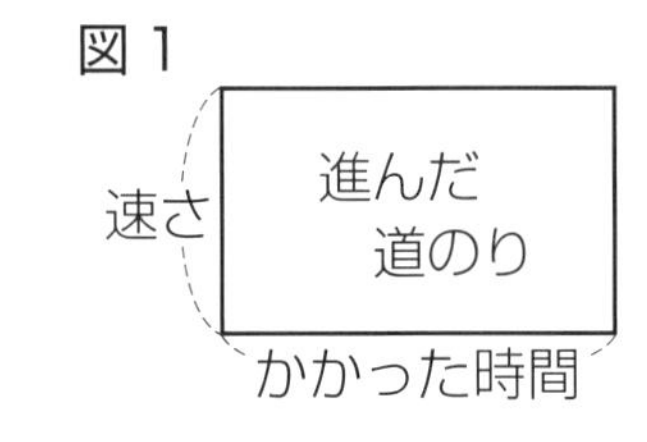

行きと帰りの速さの面積図を組み合わせると，下の図 2 のようになり，平均をとると図 3 のようになります。

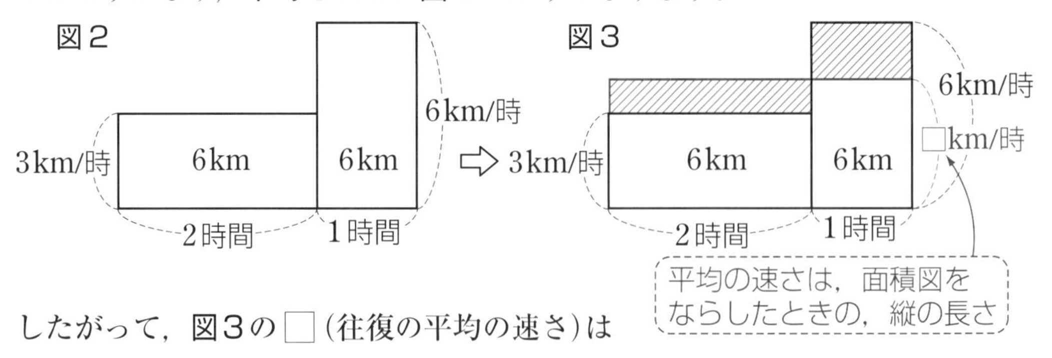

したがって，図 3 の □ (往復の平均の速さ) は
6×2÷(2+1)=4 (km/時)
面積の合計 ↑　↑ 横の長さの合計

往復の平均の速さ = 往復の道のり ÷ 往復にかかった時間

解答➡別冊5ページ

練習問題 2-❶

1 片道（かたみち）15km の道のりを，行きは毎時 3km，帰りは毎時 5km の速さで往復しました。このとき，往復の平均の速さは毎時何 km ですか。

2 片道 84km の道のりを行きは時速 28km，帰りは時速 □ km で往復すると，往復の平均の速さは時速 24 km になります。□ にあてはまる数を求めなさい。

3 A 町と B 町の間を往復するのに，行きは毎時 3.6km の速さで歩いて 2 時間 10 分かかりました。帰りは急ぎ足で歩いたので，1 時間 18 分で着きました。往復の平均の速さは毎時何 km ですか。

例題2-❷

A 地から 1880m はなれた B 地まで歩くのに，はじめは毎分 50m の速さで歩いていましたが，と中の C 地から毎分 70m の速さに変えたので，全部で 32 分かかりました。A 地から C 地までは何 m ありますか。

解き方と答え

A 地から C 地までにかかった時間を□分として，問題の条件(じょうけん)をまず面積図(めんせき)に整理すると，右の図 1 のようになります。

↑ 8 ページ例題 2−①参照

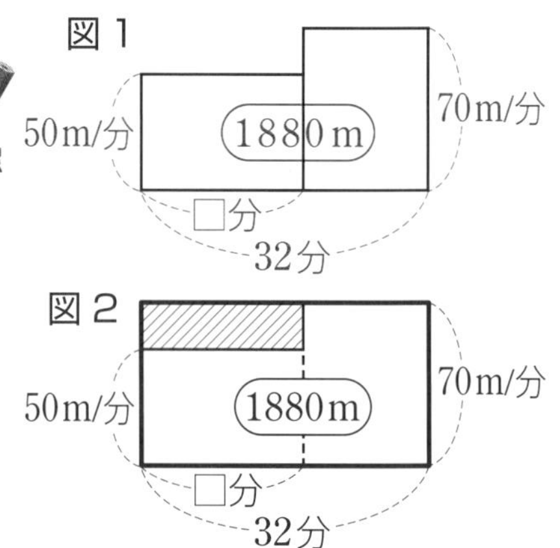

次に，この面積図に，右の図 2 のように赤いしゃ線部分の長方形をつけたすと，太わくの長方形の面積は

70×32＝2240（m）

ですから，赤いしゃ線部分の長方形の面積は

2240−1880＝360（m）

よって，□にあてはまる数は

360÷(70−50)＝18（分）

したがって，A 地から C 地までの道のりは

50×18＝**900（m）**　…答

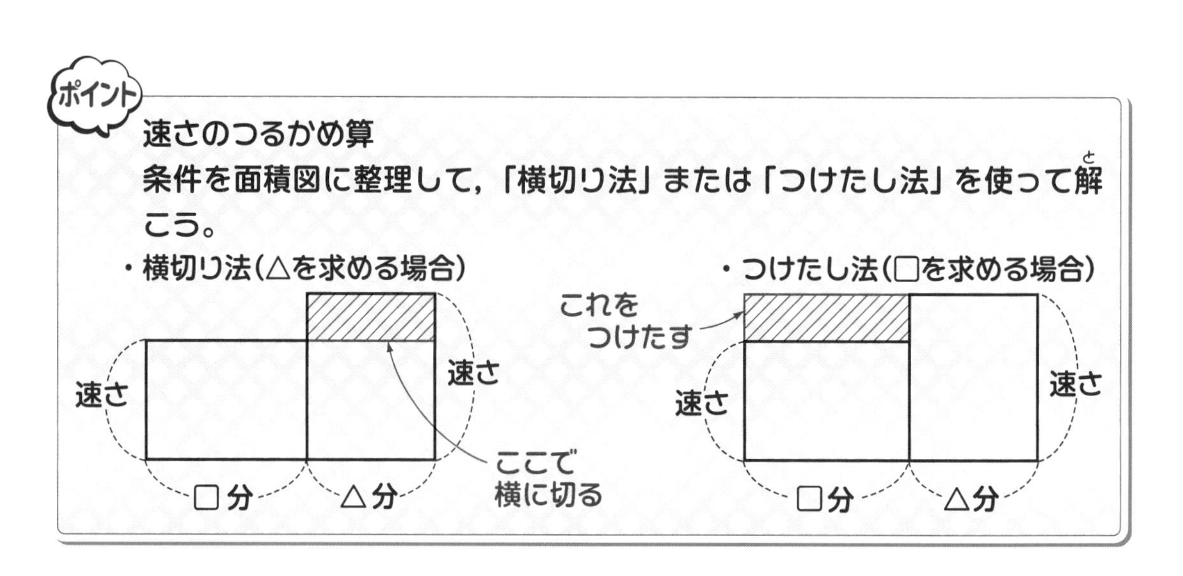

解答➡別冊5ページ

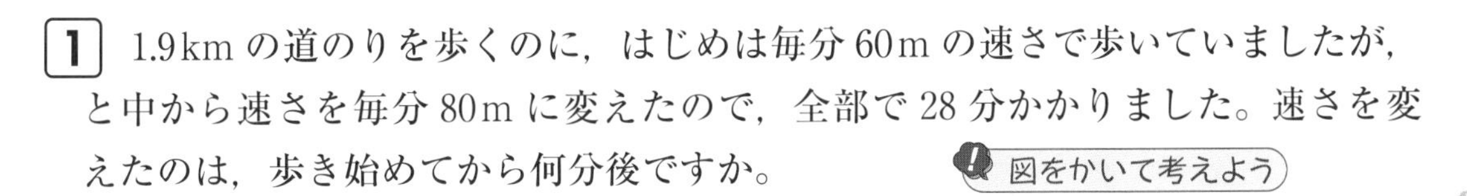

練習問題 2-❷

1 1.9kmの道のりを歩くのに，はじめは毎分60mの速さで歩いていましたが，と中から速さを毎分80mに変えたので，全部で28分かかりました。速さを変えたのは，歩き始めてから何分後ですか。 図をかいて考えよう

2 A地とC地の間にB地があり，AC間の道のりは3kmです。たろうさんはA地から自転車に乗って毎分180mの速さでB地に向かい，B地で自転車を降(お)りて，そこから毎分60mの速さで歩いてC地まで行きました。C地に着いたのは，A地を出発してから26分後でした。AB間の道のりは何kmですか。

旅人算①

例題3-❶

次の問いに答えなさい。

(1) 300m はなれた A，B 2 地点間を，兄は分速 60m で A 地点から，弟は分速 40m で B 地点から，同時に向かい合って出発しました。2 人が出会うのは出発してから何分後ですか。

(2) 2000m はなれた A と B の 2 地点があり，ともきさんは分速 55m，ひろしさんは分速 75m で歩くものとします。ともきさんは A 地点から B 地点に向かって出発し，その 8 分後にひろしさんは B 地点から A 地点に向かって出発します。2 人はひろしさんが出発してから何分後に出会いますか。

解き方と答え

(1) 右の図1のように，兄と弟が進んだきょりの和が 300m になったとき，2 人は出会います。2 人が 1 分間に進むきょりの和は

60＋40＝100 (m)

ですから，2 人が出会うのは，出発してから

300÷100＝**3 (分後)** …答

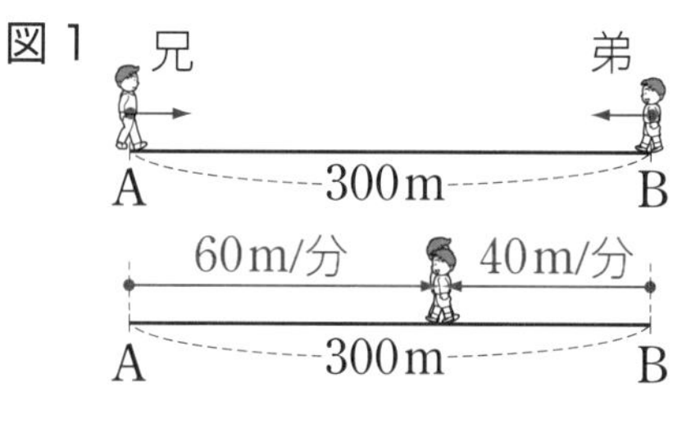

(2) まず，ひろしさんが出発したときの 2 人の間のきょりを求めます。

ともきさんが 8 分間で進むきょり (図2の AC 間のきょり) は

55×8＝440 (m)

ですから，ひろしさんが出発したとき，2 人の間のきょり (図2の CB 間のきょり) は

2000－440＝1560 (m)

になります。よって，このあと 2 人が進んだきょりの和が 1560m になったとき，2 人は出会います。 2 人が 1 分間に進むきょりの和は

55＋75＝130 (m)

ですから，2 人が出会うのはひろしさんが出発してから

1560÷130＝**12 (分後)** …答

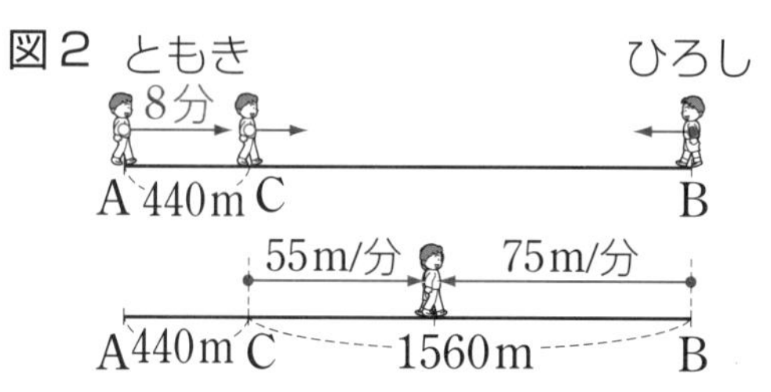

ポイント

出会うまでの時間 =2 人の間のきょり ÷2 人の速さの和
出発時刻(じこく)がちがう場合は，後から出発する人の出発時刻にそろえて考えよう！

練習問題 3-❶

1 3080m はなれたところから A さんは分速 52m，B さんは分速 58m で向かい合って同時に出発しました。2 人が出会うのは出発してから何分後ですか。

2 姉は分速 55m で A 地点から，妹は分速 35m で B 地点から，同時に向かい合って出発したところ，2 人は 4 分後に出会いました。A，B 2 地点間のきょりは何 m ですか。

3 A さんは午後 3 時に駅を出発して，駅から 700m はなれた家まで分速 50m で歩き始めました。お母さんは A さんをむかえにいくために午後 3 時 2 分に家を出発して，分速 70m で駅に向かって歩き始めました。2 人は何時何分に出会いますか。

例題3-❷

次の問いに答えなさい。

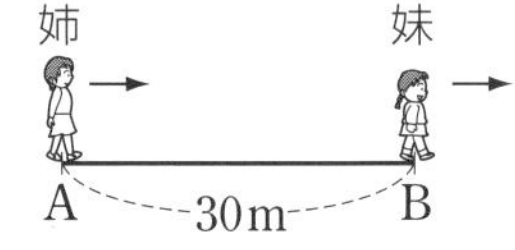

(1) A地点とB地点は30mはなれています。姉は分速70mでA地点から，妹は分速60mでB地点から，同時に同じ方向に出発しました。姉が妹に追いつくのは出発してから何分後ですか。

(2) 弟が分速50mで出発してから10分後に，分速90mで兄が追いかけました。兄が弟に追いつくのは，兄が出発してから何分何秒後ですか。

解き方と答え

(1) 右の図1のように姉と妹が進んだきょりの差が30mになったとき，姉は妹に追いつきます。2人が1分間に進むきょりの差は

70−60=10 (m)

ですから，姉が妹に追いつくのは，出発してから

30÷10=**3 (分後)** …答

図1

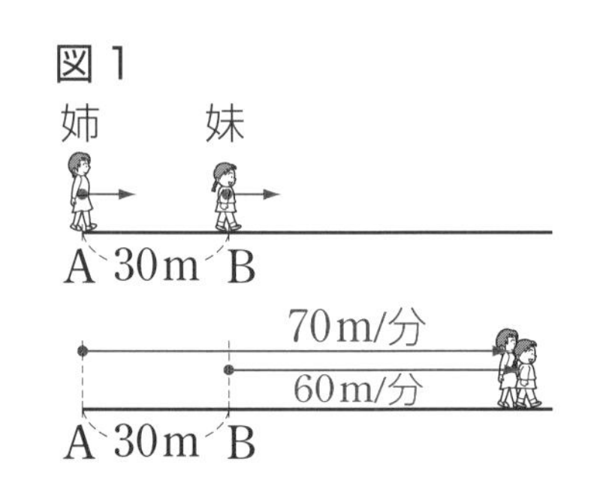

(2) まず，兄が出発したときの，兄と弟の間のきょりを求めます。

弟が10分間で進むきょり(図2のAB間のきょり)は

50×10=500 (m)

ですから，兄が出発したとき，2人の間のきょりは500mになります。よって，このあと2人が進んだきょりの差が500mになったとき，兄は弟に追いつきます。

2人が1分間に進むきょりの差は

90−50=40 (m)

ですから，兄が弟に追いつくのは，兄が出発してから

500÷40=12.5(分後)→**12分30秒後** …答

図2

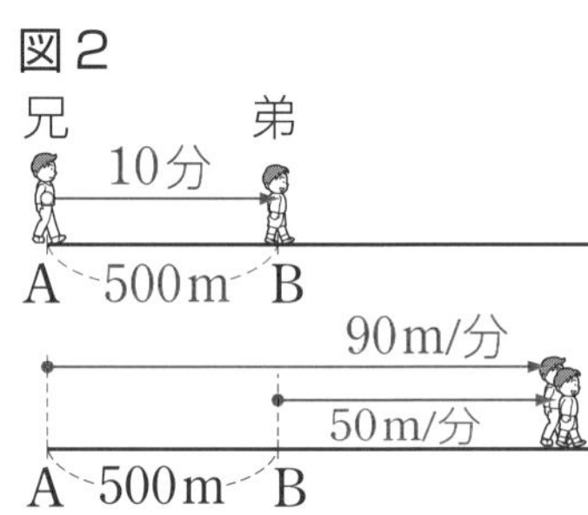

ポイント

追いつくまでの時間=2人の間のきょり÷2人の速さの差
出発時刻がちがう場合は，後から出発する人の出発時刻にそろえよう！

解答➡別冊 6 ページ

練習問題 3-❷

1 A さんが分速 60m で出発してから 5 分後に，B さんが分速 90m で A さんを追いかけました。B さんが A さんに追いつくのは，B さんが出発してから何分後ですか。

2 聖子さんは 7 時に家を出発し，分速 80m の速さで学校に向かいました。聖子さんが出発してから 10 分後にお兄さんが学校へ向かったところ，7 時 26 分に聖子さんに追いつきました。お兄さんは分速何 m で学校に向かいましたか。

3 まっすぐな道を英和さんは毎分 60m で，成美さんは毎分 80m の速さで同じ場所から同じ方向に進みます。

英和さんが出発してから 10 分後に成美さんが出発します。2 人の間のきょりがはじめて 100m になるのは，英和さんが出発してから何分後ですか。

解答➡別冊7ページ

1 次の問いに答えなさい。

(1) 10kmの道のりを自転車で進んだところ，40分かかりました。この自転車の速さは毎分何mですか。

(2) 時速36kmで進むと2時間5分かかる道のりは何kmですか。

(3) A町からB町までの道のりは66kmです。A町からB町まで時速45kmの自動車で行くと，B町に着くのに何時間何分かかりますか。

2 3kmの道のりを行くのに，はじめは毎分80mの速さで15分歩いたあと，残(のこ)りの道のりを毎時□kmの速さで自転車をこいで進むと10分かかりました。□にあてはまる数を求(もと)めなさい。

3 京子さんは，借(か)りていた本を返すために，家と図書館の間を往復(おうふく)しました。右のグラフは，家を出てからの時間と家からのきょりの関係をグラフにしたものです。図書館に向かっているときの速さは毎分60mとして，次の問いに答えなさい。

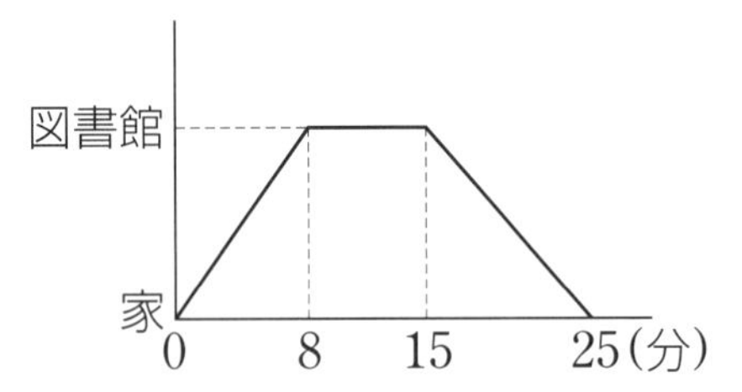

(1) 家から図書館までのきょりは何mですか。

(2) 京子さんの帰りの速さは毎分何mですか。

4 右のグラフは家から110kmはなれたA市まで車で走ったときの様子を表しています。出発してから50分後に休けいし，その後，時速60kmで走りました。次の問いに答えなさい。

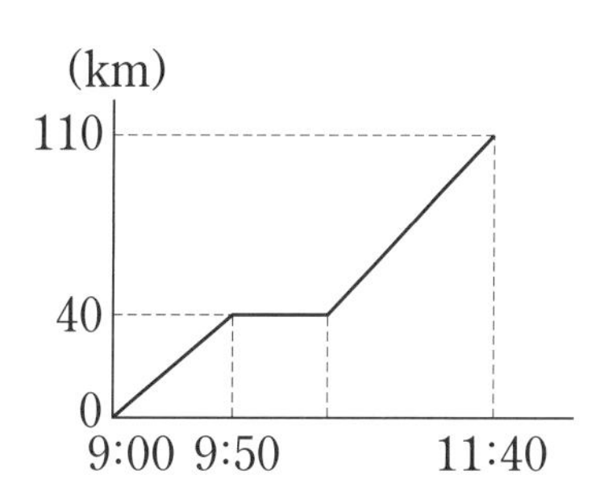

(1) 家から休けいするまでは時速何kmで走りましたか。

(2) 休けいしていた時間は何分ですか。

5 片道(かたみち)14kmの道のりを往復するのに行きは3時間，帰りは4時間かかりました。往復の平均(へいきん)の速さは毎時何kmですか。

6 自転車で同じ道を往復します。行きは時速10km，帰りは時速20kmの速さで走りました。往復の平均の速さは時速何kmですか。

7 純子さんは毎分 75m の速さで歩き，毎分 160m の速さで走ります。
4020m はなれた場所へちょうど 40 分で行くためには，歩く時間を何分にすればよいですか。

8 太郎さんは 20km はなれたおばあさんの家に行きました。家からバス停まで歩き，そこで 6 分待ったのちバスに乗り，最寄りのバス停で降りてそこから歩いておばあさんの家まで行ったところ，全部で 1 時間 15 分かかりました。太郎さんの歩く速さは毎時 5km，バスの速さは毎時 20km です。このとき，太郎さんがバスに乗っていた時間は何分ですか。

9 家から図書館まで 4.8km あります。姉は自転車に乗り，毎分 240m の速さで，家から図書館に向かいます。妹は毎分 80m の速さで歩いて，図書館から家に向かいます。2 人が同時に出発すると，何分後に出会いますか。また，出会った場所は家から何 km のところですか。

10 Aさんの家と公園は2.1kmはなれています。今，公園にいたBさんが午後2時に公園を出発して，Aさんの家に向かいました。Aさんは午後2時3分に家を出発して公園に向かいました。Aさんの歩く速さは毎分65m，Bさんの歩く速さは毎分70mのとき，この2人は午後何時何分に公園から何kmのところで出会いますか。

11 Aさんは家を出発し，分速60mで学校に向かいました。ところが，弟がAさんの忘(わす)れ物に気づき，Aさんが出発してから12分後に，自転車に乗って，分速150mで追いかけました。そして，弟はAさんが家を出発してから□分後に，家から□mの地点でAさんに追いつきました。□にあてはまる数を求(もと)めなさい。

12 太郎さんが分速72mで出発してから□分後に，次郎さんが分速96mで太郎さんを追いかけました。次郎さんは出発してから18分後に太郎さんに追いつきました。□にあてはまる数を求めなさい。

例題5-❶

次の問いに答えなさい。

(1) 周囲(しゅうい)が900mの池のまわりをAさんは分速60m，Bさんは分速90mで同じ地点から反対方向に進みます。2人がはじめて出会うのは出発してから何分後ですか。

(2) 周囲が500mの池のまわりを，同じ場所からAさんは分速80mで，Bさんは分速55mで，同時に同じ方向に出発しました。AさんがBさんにはじめて追いつくのは出発してから何分後ですか。

解き方と答え

(1) 右の図1のように，AさんとBさんが進んだきょりの和が900m(池のまわりの長さ)になったとき，2人ははじめて出会います。

図1

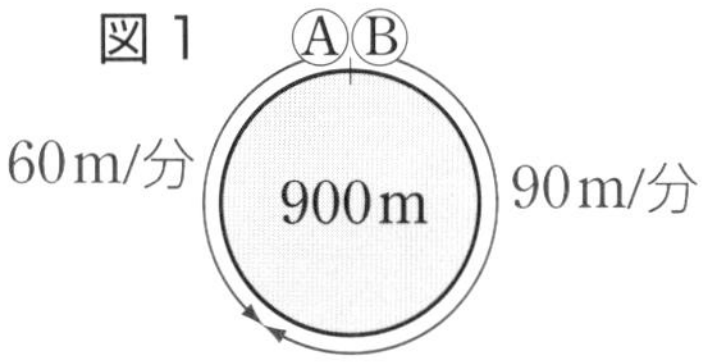

Ⓐ Ⓑ

60m/分　900m　90m/分

2人が1分間に進むきょりの和は

60＋90＝150 (m) ですから，2人がはじめて出会うのは出発してから

900÷150＝**6** (分後)　…㊫

(2) 右の図2のように，AさんとBさんが進んだきょりの差(さ)が500m(池のまわりの長さ)になったとき，AさんはBさんにはじめて追いつきます。

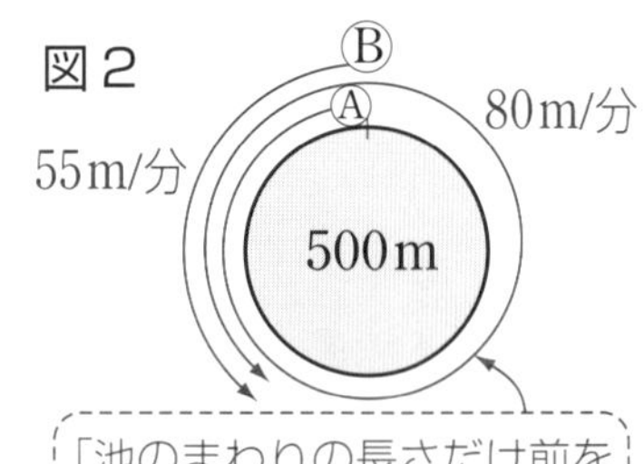

「池のまわりの長さだけ前を歩いている人を，もう1人が追いかけている」と考えよう！

2人が1分間に進むきょりの差は

80－55＝25 (m) ですから，AさんがBさんにはじめて追いつくのは，出発してから

500÷25＝**20** (分後)　…㊫

2人が池のまわりを同じ地点から同時に出発する問題

- **反対方向にまわる場合**

  出会うまでの時間 ＝ 池のまわりの長さ ÷2人の速さの和

- **同じ方向にまわる場合**

  追いつくまでの時間 ＝ 池のまわりの長さ ÷2人の速さの差

解答➡別冊9ページ

練習問題 5-❶

1 周囲 600m の池のまわりを A さんと B さんが同じ地点から反対方向に進んだところ，2 人は出発してから 5 分後に出会いました。A さんの速さが毎分 50m のとき，B さんの速さは毎分何 m ですか。

2 1 周 450m の池のまわりを，同じ地点から同時に A さんが分速 110m で，B さんが分速 60m で同じ方向に歩き始めました。A さんが B さんをはじめて追いこすのは，歩き始めてから何分後ですか。

3 円形のトラックを自転車で，かずみさんは時速 30km，なおきさんは時速 18 km で走ります。かずみさんとなおきさんが反対方向に走るとき，かずみさんは，4 分ごとになおきさんと出会います。2 人が同じ方向に走るとき，かずみさんは何分ごとになおきさんを追いこしますか。

例題5-❷

周囲540mの池があり，Aさん，Bさんの2人が同じ場所から同時に出発して歩き始めます。反対方向にまわるときは3分ごとに出会い，同じ方向にまわるときは27分ごとにAさんがBさんを追いこします。Bさんの歩く速さは分速何mですか。

解き方と答え

2人が反対方向にまわるときは3分ごとに出会うことを図に表すと，右の図1のようになります。

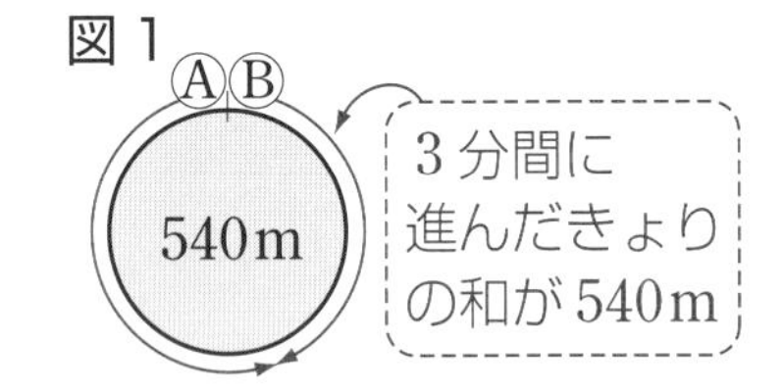

よって，2人が1分間に進むきょりの和(分速の和)は

　540÷3＝180（m）

　⬆ 池のまわりの長さ ÷ 出会うまでの時間 ＝ 分速の和

2人が同じ方向にまわるときは27分ごとにAさんがBさんを追いこすことを図に表すと，右の図2のようになります。

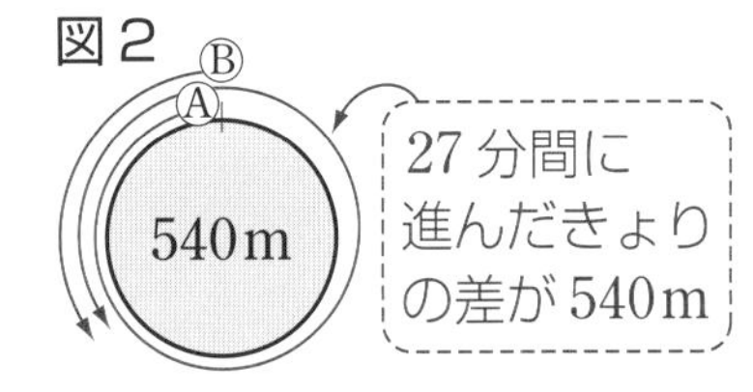

よって，2人が1分間に進むきょりの差(分速の差)は

　540÷27＝20（m）

　⬆ 池のまわりの長さ ÷ 追いこすまでの時間 ＝ 分速の差

以上のことから，AさんとBさんの

　分速の和は　180m/分

　分速の差は　20m/分

とわかりましたから，和差算で解きます。

図3
Aさんの分速　20m/分
Bさんの分速　180m/分

したがって，右の図3の線分図より，Bさんの歩く速さは

　(180−20)÷2＝**80（m/分）**　…答

ポイント

池のまわりを2人が反対方向に進むと○分ごとに出会い，同じ方向に進むと□分ごとに追いつく問題を解く手順

① **出会いの条件から速さの和，追いつきの条件から速さの差を求める。**

② **速さの和差算でそれぞれの速さを求める。**

解答➡別冊 9 ページ

練習問題 5-❷

1 まわりの長さが 1100m の池を兄，弟の 2 人が同じ場所から，同時に反対方向に歩くと 10 分で出会い，同じ方向に歩くと 110 分で兄が弟に追いつきます。兄の速さは分速何 m ですか。

2 1 周 855m の池のまわりを，A さんと B さんが同じ場所から同時に，同じ方向に歩くと 45 分後に A さんは B さんに追いつき，反対方向に歩くと 5 分後に出会います。B さんの歩く速さは分速何 m ですか。

旅人算のグラフ

例題 6-❶

右のグラフは，A さんと B さんが 1200m はなれた 2 つの地点 P，Q から，向かい合って進んだときの様子を表したものです。2 人が出会ったのは，A さんが出発してから何分何秒後ですか。

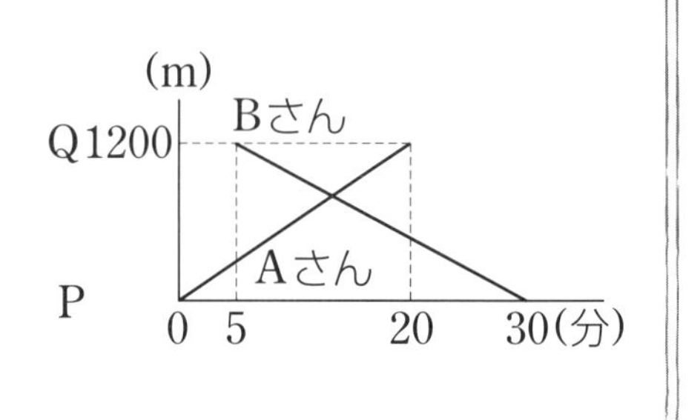

解き方と答え

グラフより，A さんの分速は　$1200 \div 20 = 60$ (m/分)
B さんの分速は　$1200 \div (30-5) = 48$ (m/分)
B さんが出発するとき，A さんは

$60 \times 5 = 300$ (m)

進んでいますから，そのときの 2 人の間のきょり（下のグラフの㋐のきょり）は

$1200 - 300 = 900$ (m)

したがって，2 人が出会うのは B さんが出発してから

$900 \div (60+48) = 8\frac{1}{3}$ (分後)

↑ 2 人の間のきょり ÷ 2 人の速さの和 ＝ 出会うまでの時間

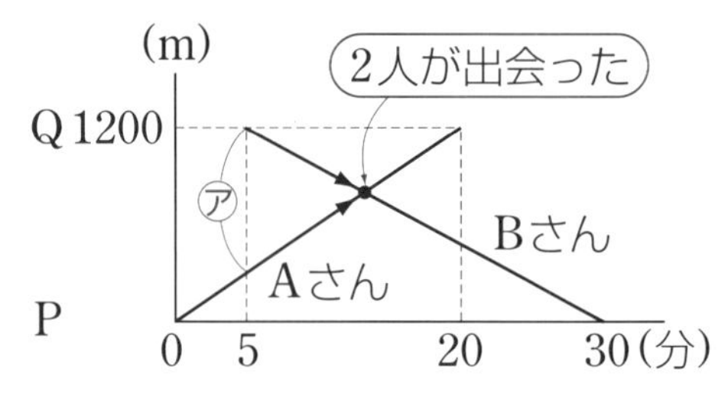

ですから，A さんが出発してからは

$5 + 8\frac{1}{3} = 13\frac{1}{3}$ (分後) → **13 分 20 秒後**　…㊣

出会いの旅人算のグラフ
後から出発する人の出発時刻（じこく）にそろえて考えよう！
右の図の色のついた三角形は，「㋐ m はなれた場所から 2 人が向かい合って進んで，㋑分で出会った」ことを表している。

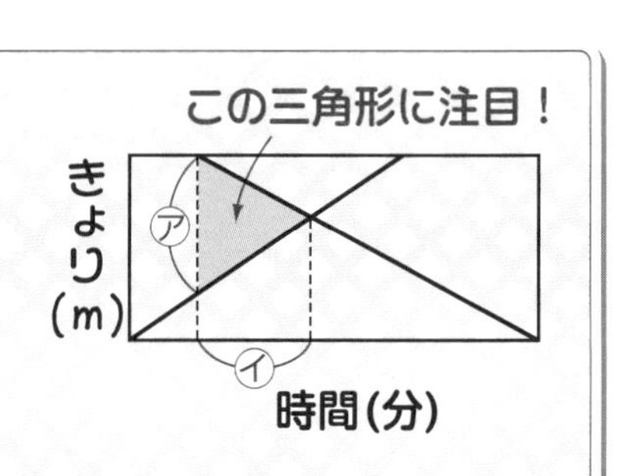

解答➡別冊10ページ

練習問題 6-❶

1 右のグラフは，A 地点と B 地点の間を 2 台の自動車が走ったときの，時刻と A 地点からのきょりの関係を表したものです。

2 台の自動車が出会ったのは何時何分ですか。

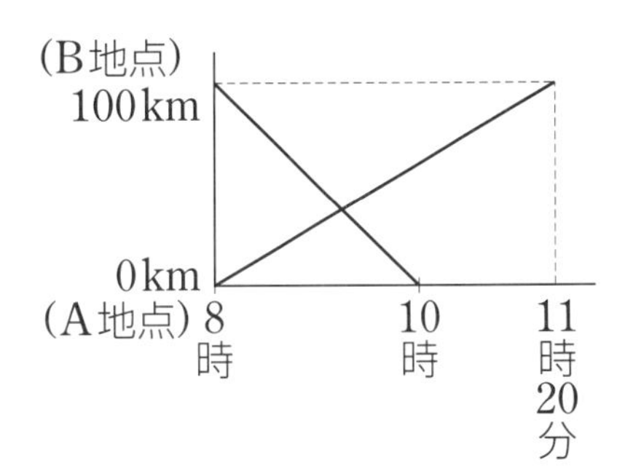

2 右のグラフは，A さんと B さんが 1080m はなれた 2 つの地点 P，Q から，向かい合って進んだときの様子を表したものです。

2 人が出会ったのは，B さんが出発してから何分後ですか。

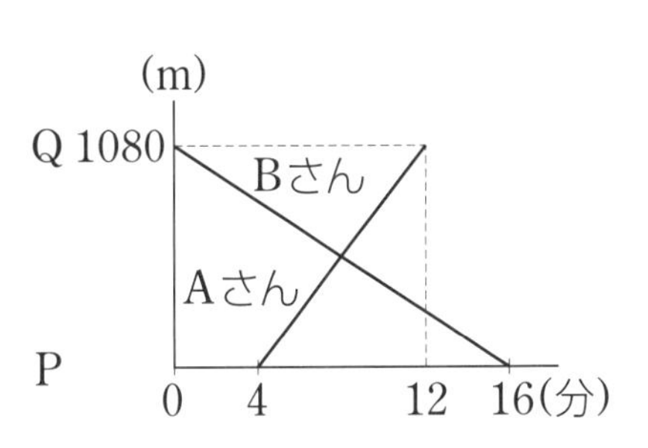

例題6-❷

右のグラフは，太郎さんが家を出た10分後にお母さんが自転車で家を出て，ともに2000mはなれた駅に向かう様子を表したものです。

お母さんが太郎さんに追いつくのは，太郎さんが出発してから何分何秒後ですか。

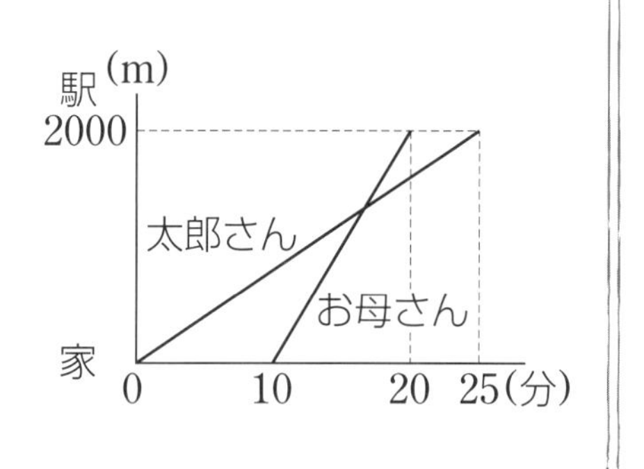

解き方と答え

太郎さんの分速は　2000÷25＝80（m/分）

お母さんの分速は　2000÷(20－10)＝200（m/分）

お母さんが出発するとき，太郎さんは

80×10＝800（m）

進んでいますから，そのときの2人の間のきょり（下のグラフの㋐のきょり）は800mです。

したがって，お母さんが太郎さんに追いつくのは，お母さんが出発してから

$800 \div (200-80) = 6\frac{2}{3}$（分後）

↑ 2人の間のきょり÷2人の速さの差＝追いつくまでの時間

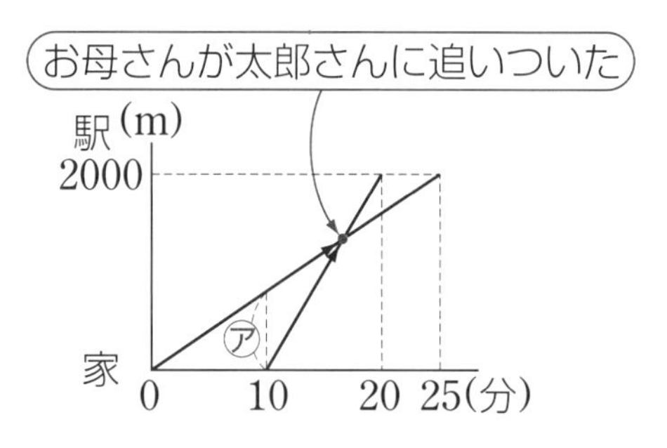

ですから，太郎さんが出発してからは

$10 + 6\frac{2}{3} = 16\frac{2}{3}$（分後）

→ **16分40秒後**　…答

ポイント

追いかけの旅人算のグラフ

後から出発する人の出発時刻（じこく）にそろえて考えよう！

右の色のついた三角形は，「㋐mはなれた場所から同じ向きに進んで㋑分で追いついた」ことを表している。

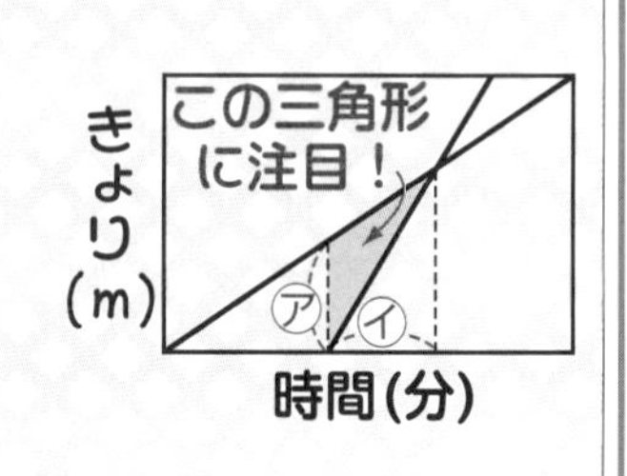

解答➡別冊10ページ

練習問題 6-❷

1 右のグラフは妹が家を出た20分後に姉が自転車で家を出て，ともに8kmはなれた公園に向かう様子を表したものです。

姉が妹に追いつくのにかかった時間は何分何秒ですか。

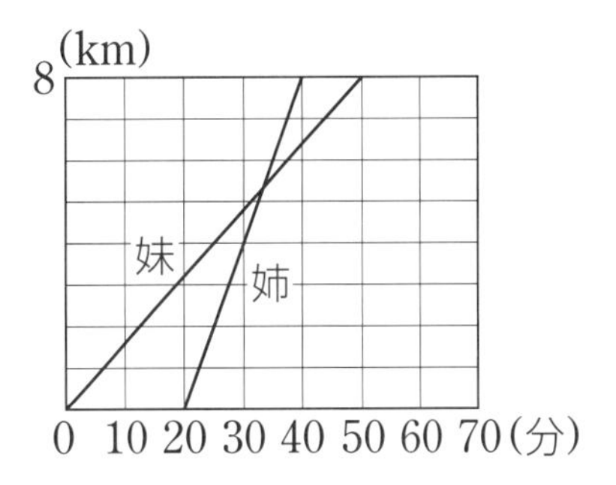

2 家から1200mはなれたところに公園があります。弟は歩いて公園に向かい，その後，兄は弟の3倍の速さで同じ道を自転車で公園に向かいました。右のグラフは，そのときの2人の進行の様子を表したものです。グラフの㋐，㋑にあてはまる数を求めなさい。

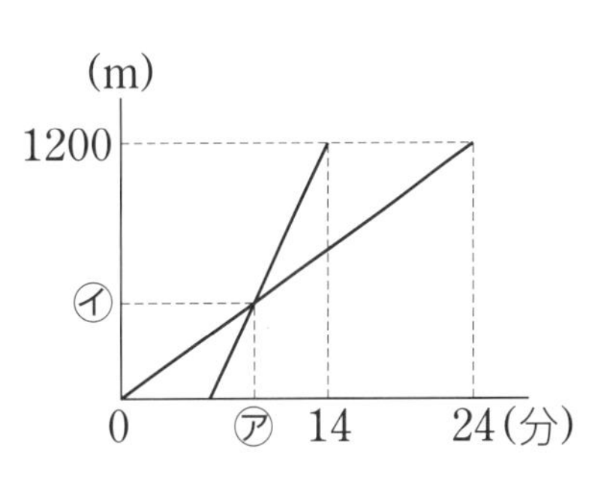

2点の移動（旅人算の利用）

例題7-❶

右の図の四角形ABCDは1辺18cmの正方形です。2点P，Qは頂点Aを同時に出発して，それぞれの矢印の方向に辺上をPは毎秒2cm，Qは毎秒7cmの速さで動きます。これについて，次の問いに答えなさい。

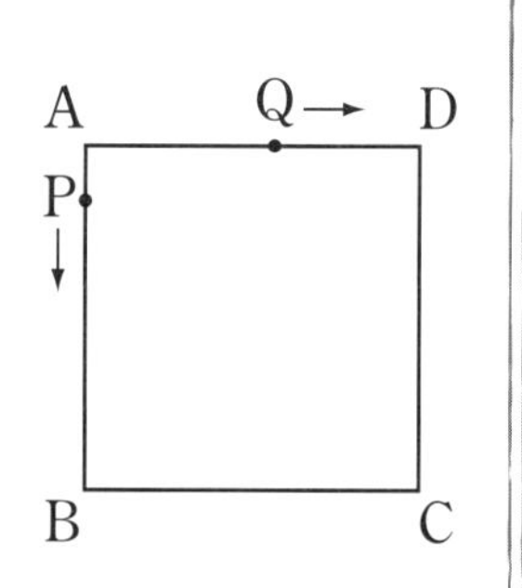

(1) はじめて2点P，Qが出会うのは，頂点Aを出発してから何秒後ですか。

(2) PとQを結ぶ線が，はじめて辺BCに平行になるのは，2点が出発してから何秒後ですか。

解き方と答え

(1) 右の図1のように，はじめて2点P，Qが出会うのは，進んだ長さの和が正方形のまわりの長さと等しくなったときです。

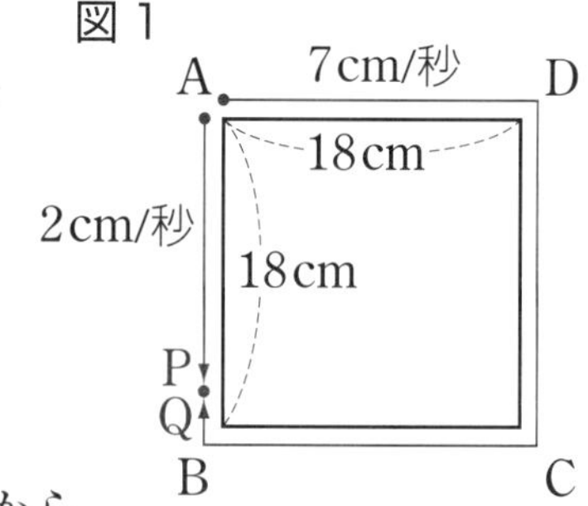

正方形のまわりの長さは　18×4=72 (cm)

2点P，Qが1秒間に進む長さの和(秒速の和)は

2+7=9 (cm)

したがって，2点がはじめて出会うのは，出発してから

72÷9=**8 (秒後)**　…答

(2) PとQを結ぶ線が，はじめて辺BCに平行になるのは，右の図2のようになるときです。

このとき，AP=DQですから，PとQの進んだ長さの差は18cmになります。

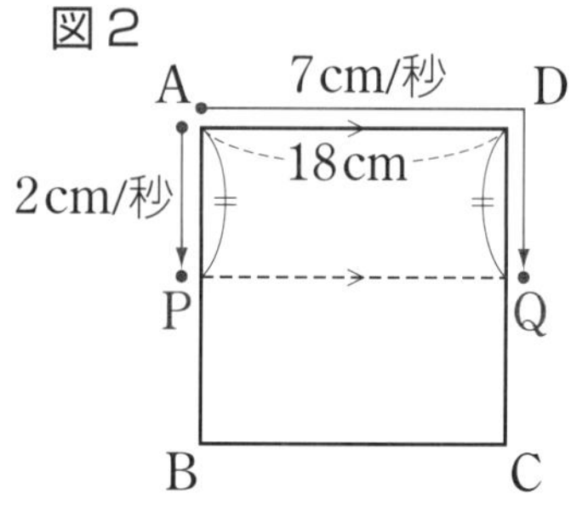

2点P，Qが1秒間に進む長さの差(秒速の差)は

7−2=5 (cm)

したがって，PとQを結ぶ線が，はじめて辺BCに平行になるのは，出発してから　18÷5=**3.6 (秒後)**　…答

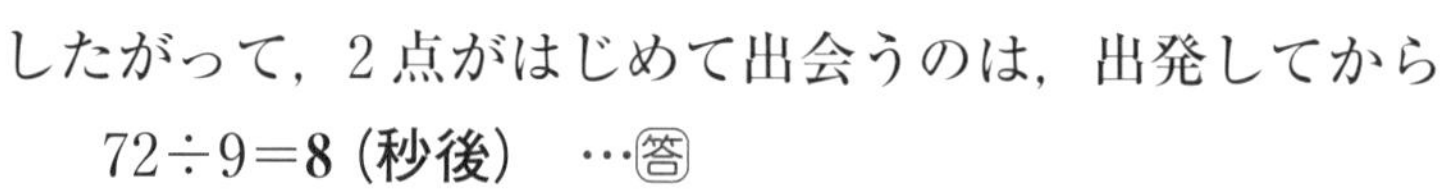

2点が進んだ長さの「和」や「差」に注目して考えよう！

解答➡別冊12ページ

練習問題 7-❶

1 右の図の1辺15cmの正方形ABCDの辺上を，頂点Aから点Pが矢印（やじるし）の方向に毎秒4cmの速さで動き始め，同時に頂点Dから点Qが矢印の方向に毎秒1cmの速さで動き始めます。これについて，次の問いに答えなさい。

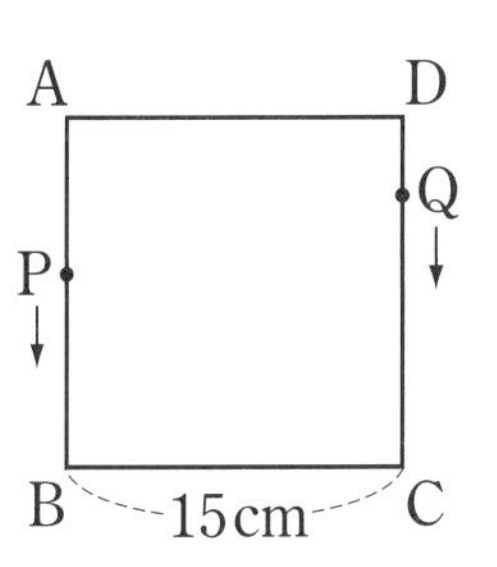

(1) 2点P，Qがはじめて出会うのは，動き始めてから何秒後ですか。

(2) 2点P，Qが2回目に出会うのは，動き始めてから何秒後ですか。

2 右の図のような長方形ABCDの辺上を，点Pは毎秒6cmの速さで頂点Aから矢印の方向に，点Qは毎秒4cmの速さで頂点Cから矢印の方向に動きます。点Pと点Qが同時に出発するとき，次の問いに答えなさい。

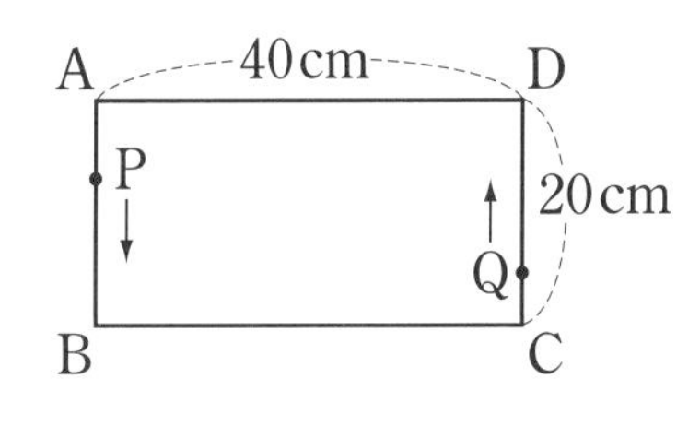

(1) 直線PQが辺ADとはじめて平行になるのは，出発してから何秒後ですか。

(2) 直線PQが辺ABとはじめて平行になるのは，出発してから何秒後ですか。

例題7-❷

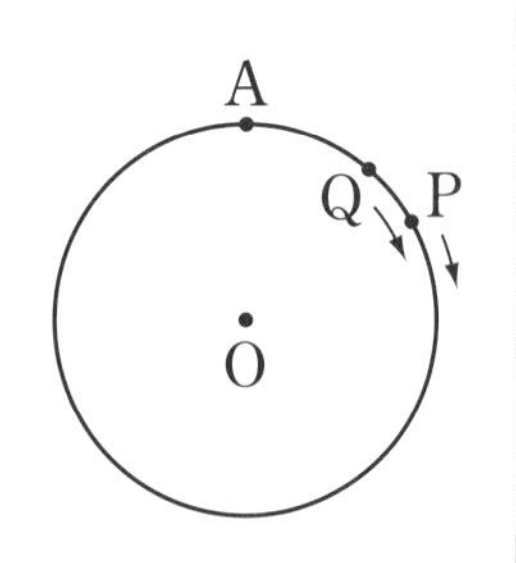

右の図のような点Oの周上を，点P，Qが点Aを同時に出発して，矢印の方向に向かって動きます。1周するのに点Pは20秒，点Qは30秒かかります。これについて，次の問いに答えなさい。

(1) 点Pが点Qをはじめて追いこすのは，出発してから何秒後ですか。

(2) OPとOQがつくる角がはじめて直角になるのは，出発してから何秒後ですか。

解き方と答え

円周上を一定の速さで点が移動するときは，点が移動するきょりのかわりに，中心のまわりを回転する角度を考えます。

(1) 2点P，Qが1秒間に回転する角度(これを「角速度」といいます)は，それぞれ

P → 360°÷20＝18°

Q → 360°÷30＝12°

点Pが点Qをはじめて追いこすのは，点Pの方が点Qよりも360°多くまわったときです。

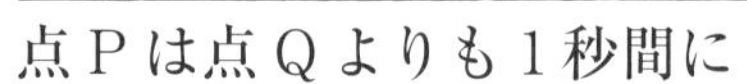

点Pは点Qよりも1秒間に

18°－12°＝6°

ずつ多くまわりますから，点Pが点Qをはじめて追いこすのは

360°÷6°＝**60**（秒後）　…答

(2) OPとOQがつくる角がはじめて直角になるのは，点Pの方が点Qよりも90°多くまわったときですから，出発してから

90°÷6°＝**15**（秒後）　…答

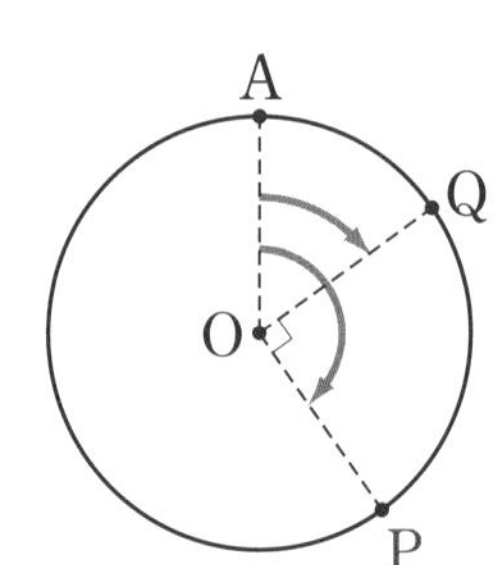

それぞれの点の角速度を求めて，2点がまわった「角度の和」や「角度の差」に着目して考えよう！

練習問題 7-❷

1 右の図のような円Oの周上を，点P，Qが点Aを同時に出発して，矢印の方向に向かって動きます。1周するのに点Pは24秒，点Qは36秒かかります。これについて，次の問いに答えなさい。

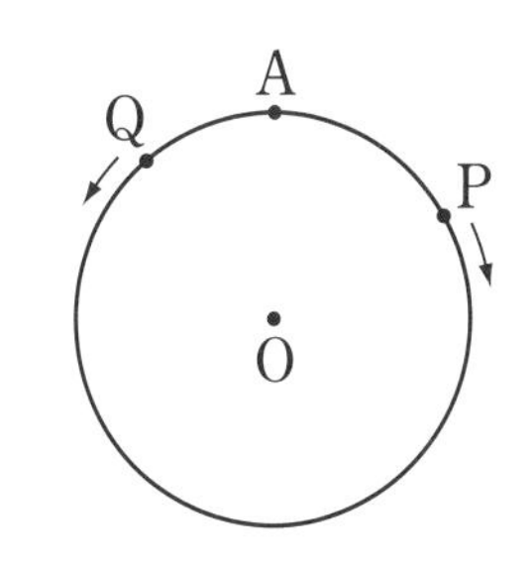

(1) 点Pと点Qがはじめて出会うのは，出発してから何秒後ですか。

(2) OPとOQがつくる角がはじめて100度になるのは，出発してから何秒後ですか。

2 右の図のような円Oがあります。点P，QはAを同時に出発して矢印の方向に円周上をまわります。点Pは1周するのに60秒，点Qは1周するのに36秒かかります。これについて，次の問いに答えなさい。

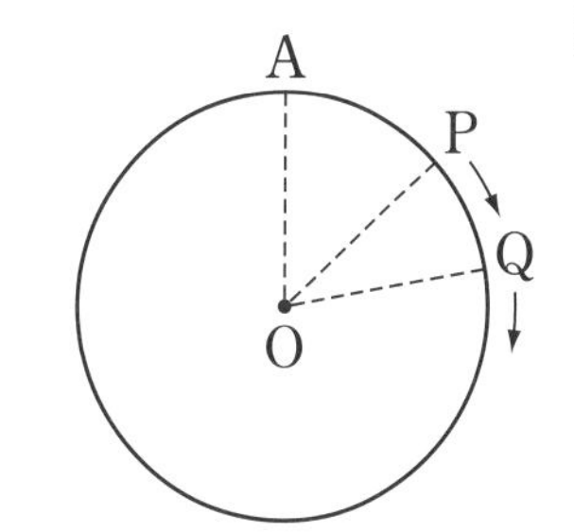

(1) 角POQの大きさがはじめて60度になるのは，出発してから何秒後ですか。

(2) はじめて2点P，Qのきょりが最(もっと)も長くなるのは，出発してから何秒後ですか。

解答➡別冊14ページ

1 周囲（しゅうい）2160mの池を1周するのにAさんは24分，Bさんは36分かかります。この2人が同じ地点から同時に反対方向に出発し，池をまわります。2人がはじめて出会うのは出発してから何分後ですか。

2 ある池のまわりをAさんとBさんが同じ時刻（じこく）に同じ地点から同じ方向に歩くことにしました。Aさんは時速4kmで，Bさんは時速3kmで歩いたところ，45分後にはじめてAさんがBさんに追いつきました。このとき，池の1周の長さは何mですか。

3 1周2700mの湖があります。明子さんとこうじさんは，この湖のほとりにあるA地点から同時に反対方向に出発し，湖のまわりを1周しました。2人は出発してから20分後にすれちがい，こうじさんがA地点にもどってきたのは出発してから36分後でした。このとき，明子さんは分速何mで歩きましたか。

4 1周400mの池のまわりをよういちさんとあきらさんが同じ場所から反対方向に同時に走り始めると，40秒後に出会い，同じ方向に走り始めると，よういちさんはあきらさんに4分後に追いつきます。よういちさんの速さは毎分何mですか。

5 右のグラフは，のり子さんと弟がそれぞれ一定の速さで進んだ様子を表しています。2人が出会ったのは，家から何mの地点ですか。

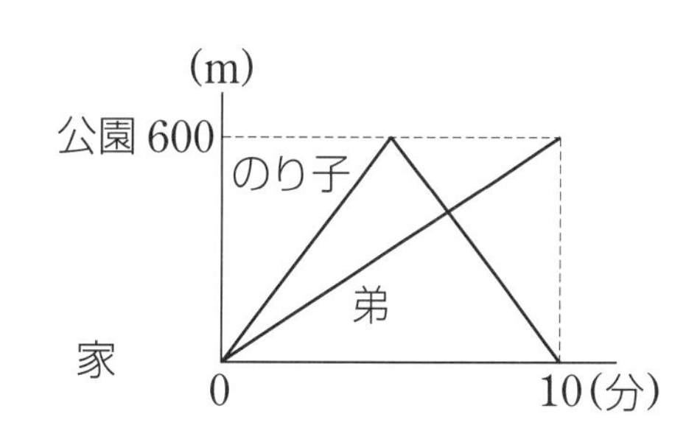

6 A町とB町の間の道のりは18kmあり，その間を1台のバスが往復（おうふく）します。太郎さんは，バスがB町を出発すると同時に，自転車でA町からこのバス通りをB町に向けて出発しました。右のグラフは，その様子を表しています。次の問いに答えなさい。

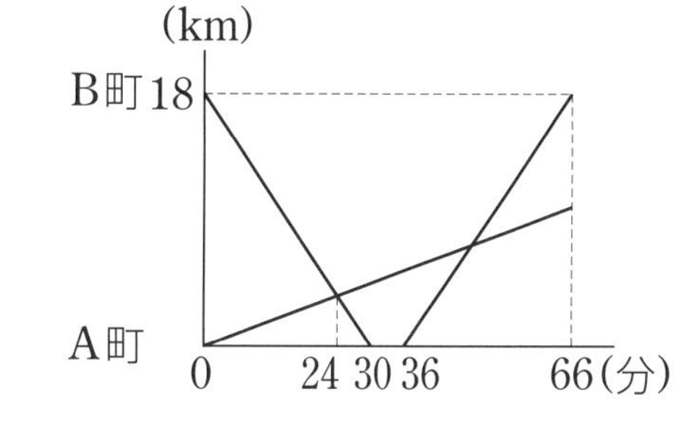

(1) 自転車の速さは，時速何kmですか。

(2) 太郎さんは，A町を出発してから何分後にバスに追いこされますか。

7 あつしさんの学校と駅は 4.5km はなれています。あつしさんは学校を3時45分に出て，駅までランニングをしながら下校します。バスは片道9分間で駅と学校を一定の速さで往復し，駅と学校で6分間停車します。バスが2回目に駅から学校に向かうと同時にあつしさんも駅に着きました。

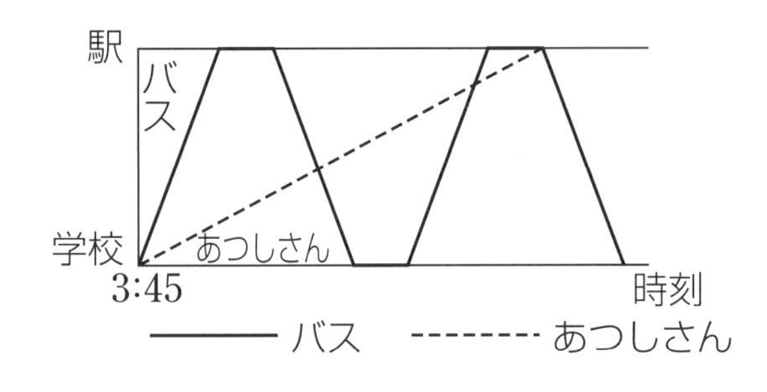

次のグラフは，あつしさんとバスが学校を出発してからの時間と位置の関係を表したものです。あとの問いに答えなさい。

(1) バスの速さは時速何 km ですか。

(2) あつしさんの速さは時速何 km ですか。

(3) あつしさんとバスがすれちがったのは学校から何 km の地点ですか。

(4) あつしさんがバスに追いこされるのは何時何分何秒ですか。

8 右の図の長方形 ABCD の辺上を，点 P は頂点 A から矢印の方向に毎秒 7cm の速さで，同時に点 Q は頂点 C から矢印の方向に毎秒 2cm の速さで動き始めます。

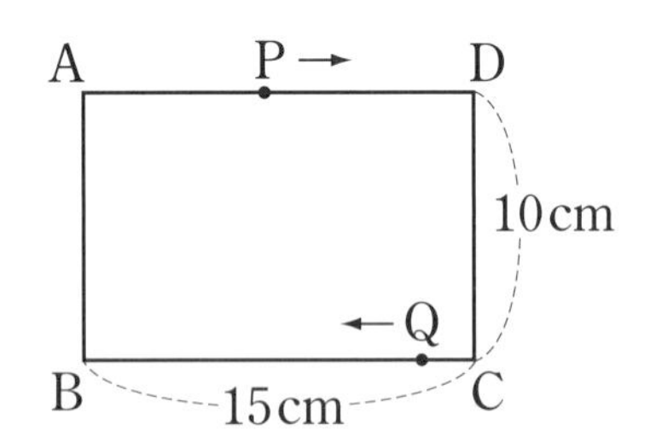

これについて，次の問いに答えなさい。

(1) 点 P が点 Q にはじめて追いつくのは，動き始めてから何秒後ですか。

(2) 点 P が点 Q に2回目に追いつくのは，動き始めてから何秒後ですか。

9 右の図のような円Oの周（しゅう）上を，点Pは点Aから，点Qは点Bから同時に出発して，それぞれ矢印の方向に向かって動きます。1周するのに点Pは30秒，点Qは45秒かかります。これについて，次の問いに答えなさい。

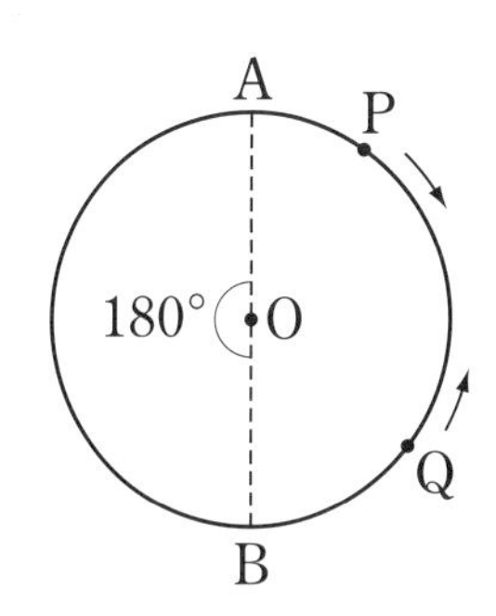

(1) 点Pと点Qがはじめて出会うのは，出発してから何秒後ですか。

(2) OPとOQがつくる角がはじめて30度になるのは，出発してから何秒後ですか。

10 右の図のように，点Oを中心とする円があります。2点P，QはAを同時に出発して矢印の方向に円周上をまわります。1周するのに点Pは7.2秒，点Qは72秒かかります。角POQが2回目に直角になるのは，出発してから何秒後ですか。

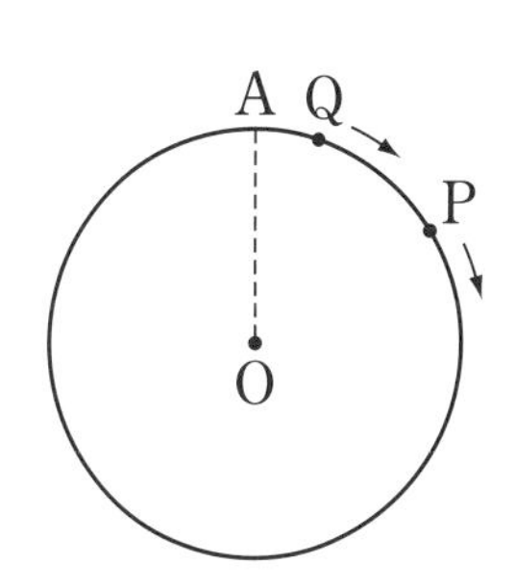

例題9-①

時計の針(はり)が3時33分を指しているとき，長針(ちょうしん)と短針のつくる角のうち小さいほうの角の大きさは何度ですか。

解き方と答え

30ページ **例題7-❷**と同じように考えて，「角速度」を利用(りよう)して解(と)きます。長針は1時間(＝60分)で360°進みますから，

長針の角速度は，毎分

$360° \div 60 = 6°$

短針は，12時間で360°進みますから，

1時間(＝60分)では

$360° \div 12 = 30°$

進みます。よって，短針の角速度は毎分

$30° \div 60 = 0.5°$

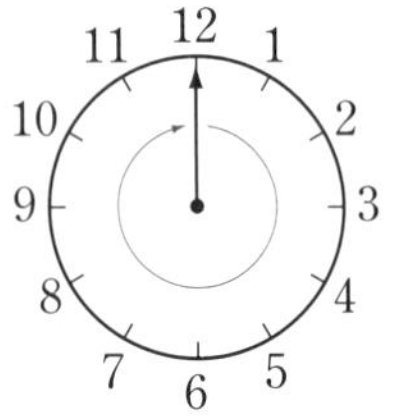

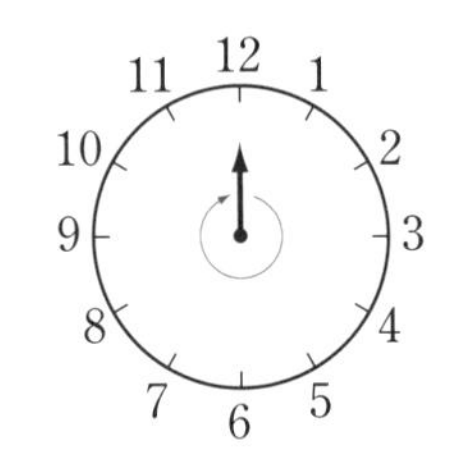

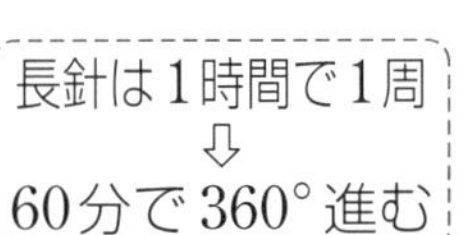

短針は12時間で1周
⇩
60分で30°進む

3時ちょうどの時刻(じこく)から3時33分までの33分間に，長針と短針はそれぞれ何度進んだか考えます。

長針は$6° \times 33 = 198°$進んだことになり，これを時計の図にかきこむと下の図1のようになります。短針は，$0.5° \times 33 = 16.5°$進んだことになり，これを時計の図にかきこむと下の図2のようになります。

図1と図2を組み合わせると，図3のようになります。

図1

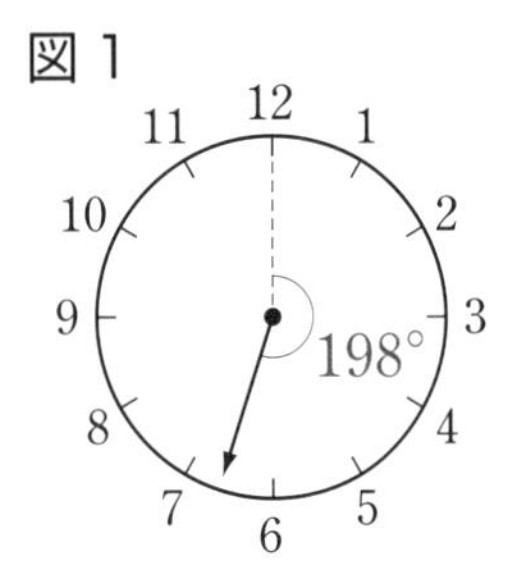

図2

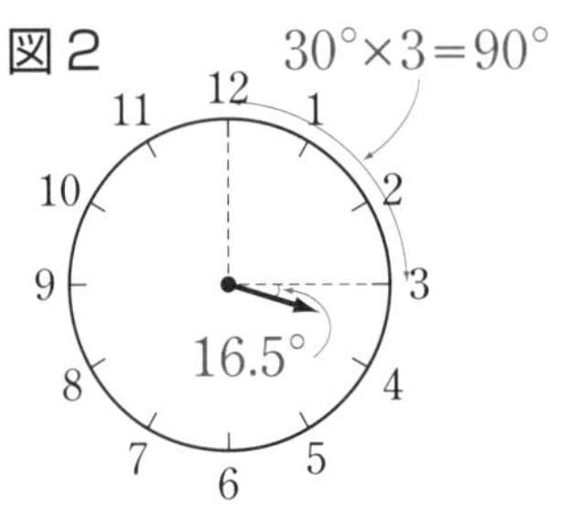

図3

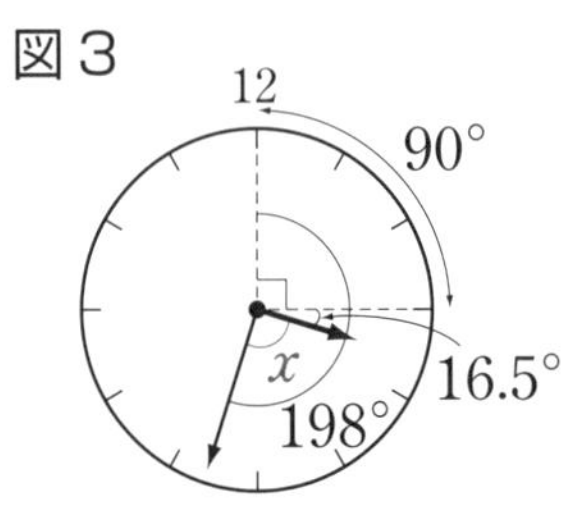

したがって，求(もと)める角の大きさ(図3のxの角の大きさ)は

$198° - (90° + 16.5°) = \mathbf{91.5°}$ …答

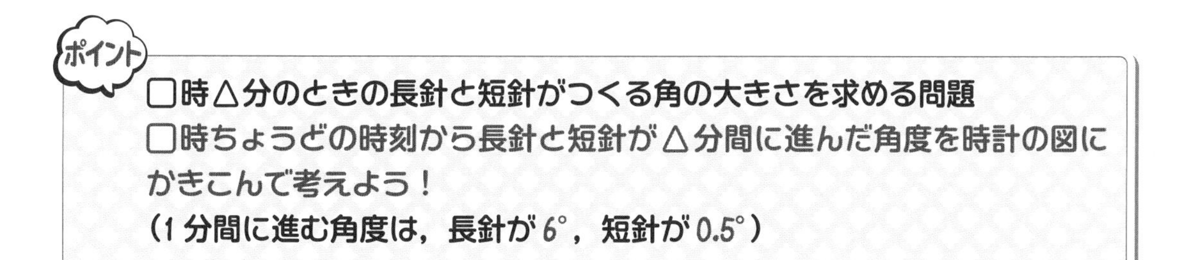

練習問題 9-❶

1 時計の針が6時16分を指しているとき，長針と短針のつくる角のうち小さいほうの角の大きさは何度ですか。

図をかいて考えよう

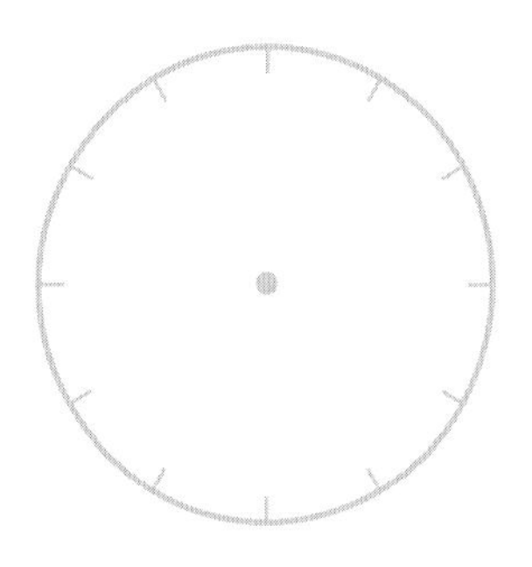

2 時計の針が9時32分を指しているとき，長針と短針のつくる角のうち小さいほうの角の大きさは何度ですか。

3 時計の針が2時47分を指しているとき，長針と短針がつくる角のうち小さいほうの角の大きさは何度ですか。

例題9-❷

次の問いに答えなさい。

(1) 5時と6時の間で，時計の長針と短針が重なる時刻は5時何分ですか。

(2) 2時と3時の間で，時計の長針と短針が反対方向に一直線になるのは2時何分ですか。

解き方と答え

(1) 5時ちょうどに長針と短針がつくる角度は

$30^\circ \times 5 = 150^\circ$

よって，長針と短針が重なるのは，長針が短針よりも150°多く進んだときになります。

長針は短針よりも1分間に

$6^\circ - 0.5^\circ = 5.5^\circ$

ずつ多く進みますから，求める時刻は

$150^\circ \div 5.5^\circ = 150 \div \frac{11}{2} = 150 \times \frac{2}{11} = 27\frac{3}{11}$（分）→ **5時 $27\frac{3}{11}$ 分** …㊟

(2) 2時ちょうどに長針と短針がつくる角度は　$30^\circ \times 2 = 60^\circ$

長針と短針が反対方向に一直線になるのは，長針が60°先にある短針に追いつき，さらに180°ひきはなしたときになります。

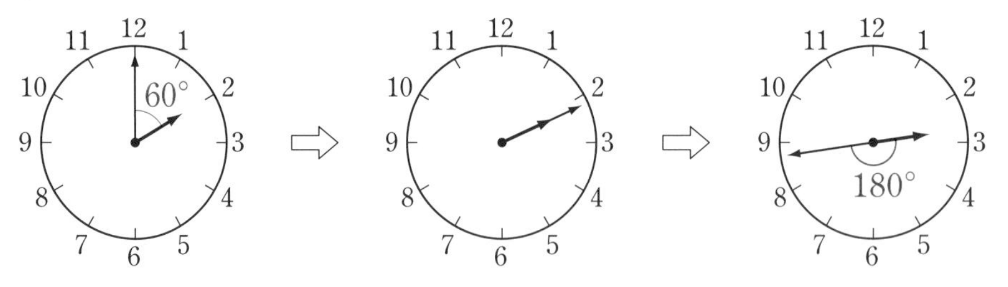

よって，求める時刻は，2時ちょうどのときから，長針が短針よりも

$60^\circ + 180^\circ = 240^\circ$

多く進んだときになります。長針は短針よりも1分間に $6^\circ - 0.5^\circ = 5.5^\circ$ 多く進みますから，求める時刻は

$240^\circ \div 5.5^\circ = 240 \div \frac{11}{2} = 240 \times \frac{2}{11} = 43\frac{7}{11}$（分）→ **2時 $43\frac{7}{11}$ 分** …㊟

ポイント

□時ちょうどの時刻から，長針が短針よりも何度多く進むかを考えよう！（1分間に長針は短針よりも，6°−0.5°＝5.5°多く進む）

解答➡別冊17ページ

練習問題 9-❷

1 3時と4時の間で，時計の長針と短針が重なる時刻は3時何分ですか。

2 7時と8時の間で，時計の長針と短針が重なる時刻は7時何分ですか。

3 8時と9時の間で，時計の長針と短針が重ならないで一直線になるのは8時何分ですか。

10日目 通過算

例題 10-①

次の問いに答えなさい。

(1) 長さ 80m の列車が秒速 16m で走っています。この列車が，400m の鉄橋をわたりはじめてからわたり終えるまでに何秒かかりますか。

(2) 秒速 21m で走る，長さ 170m の列車がトンネルに入ってから，列車は 30 秒間トンネルに完全(かんぜん)にかくれていました。このトンネルの長さは何 m ですか。

解き方と答え

(1) 右の図1より，列車が鉄橋をわたりはじめてからわたり終えるまでに，列車の先頭が進んだきょり(図の赤線の矢印の長さ)は

　400＋80 ＝480 (m)

　↑ 鉄橋の長さ ＋ 列車の長さ

ですから，求(もと)める時間は

　480÷16＝**30 (秒)**　…答

図1　鉄橋

はじめの状態　80m　400m

終わりの状態　400m　80m

(2) 右の図2より，列車がトンネルに完全に入った直後(はじめの状態(じょうたい))から，トンネルから出る直前(終わりの状態)までに列車の先頭が進んだきょり(図の赤線の矢印の長さ)は

　21×30 ＝630 (m)

　↑ 列車の秒速 × トンネルにかくれていた時間

したがって，このトンネルの長さは

　630＋170 ＝ **800 (m)**　…答

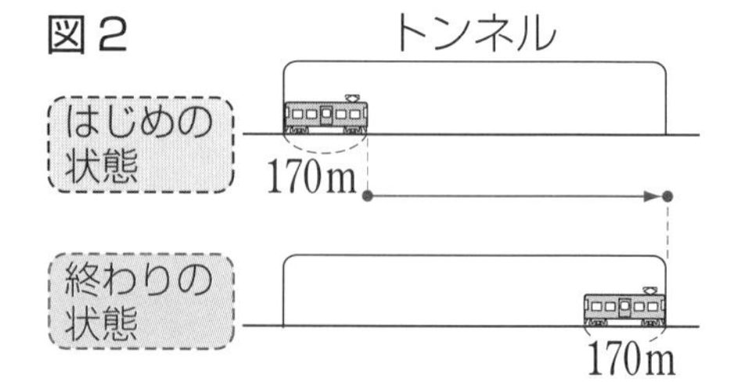

先頭(1番前)や最後尾(1番後ろ)などの，ある1点だけに注目して，その点が動くきょりを考えよう！

解答➡別冊19ページ

練習問題 10-❶

1 長さ 150m の列車が，線路ぎわに立っている人の前を 6 秒で通過(つうか)しました。この列車の速さは毎秒何 m ですか。

2 長さ 145m の電車が毎秒 12m の速さで進んでいます。この電車が鉄橋を通過するのに 4 分 30 秒かかりました。この鉄橋の長さは何 m ですか。

3 長さ 200m，時速 81km の電車が長さ 830m のトンネルに入ります。トンネルに完全にかくれている時間は何秒間ですか。

例題 10-❷

次の問いに答えなさい。

(1) 長さ 180m，秒速 15m の A 列車と，長さ 100m，秒速 25m の B 列車が，出会ってからすれちがい終わるまでに何秒かかりますか。

(2) 長さ 140m で秒速 30m の電車 A が，長さ 130m で秒速 15m の電車 B に追いついてから追いこすまでに何秒かかりますか。

解き方と答え

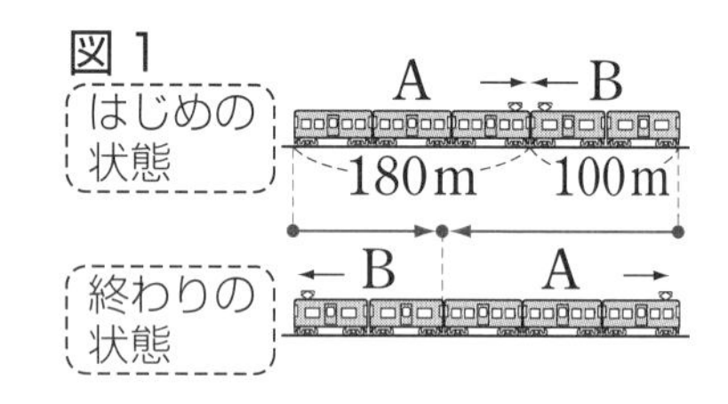

(1) 右の図1より，A 列車と B 列車の先頭が出会ったとき(はじめの状態(じょうたい))から，最後尾がすれちがい終わったとき(終わりの状態)までに，2つの列車が走るきょりの和は，2つの列車の長さの和に等しくなる ことがわかります。

したがって，2つの列車が出会ってからすれちがい終わるまでにかかる時間は

(180＋100)÷(15＋25)＝**7 (秒)** …答

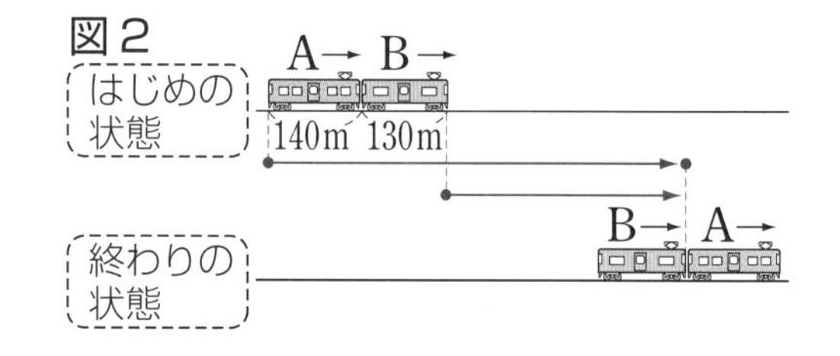

(2) 右の図2より，電車 A の先頭が電車 B の最後尾に追いついたとき(はじめの状態)から，電車 A の最後尾が電車 B の先頭を追いこすとき(終わりの状態)までに2つの電車が走るきょりの差は，2つの電車の長さの和に等しくなる ことがわかります。

したがって，電車 A が電車 B に追いついてから追いこすまでにかかる時間は

(140＋130)÷(30－15)＝**18 (秒)** …答

電車のすれちがいと追いこし

- すれちがいにかかる時間 ＝ 電車の長さの和 ÷ 速さの和
- 追いこしにかかる時間 ＝ 電車の長さの和 ÷ 速さの差

解答➡別冊19ページ

練習問題 10-❷

1 長さ60mで秒速12mの上り列車と，秒速13mの下り列車とがすれちがうのに6秒かかりました。下り列車の長さは何mですか。

2 秒速40mの電車Aが秒速22.5mの電車Bに追いついてから追いこすまでに16秒かかりました。電車Aの長さが185mのとき，電車Bの長さは何mですか。

3 長さ100m，時速63kmのA列車が，長さ160mのB列車に追いついてから追いこし終わるまでに1分5秒かかりました。B列車の速さは毎時何kmですか。

流水算

例題 11-❶

静水での速さが毎時 12km の船があります。この船が，70km はなれた川下の A 地点と川上の B 地点を往復するのに何時間かかりますか。ただし，川の流れの速さは毎時 2km とします。

解き方と答え

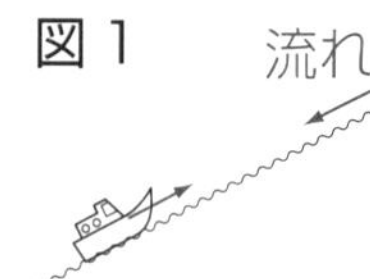

図2 流れ

右の図1のように，上りの速さは，川の流れの速さの分だけおそくなります。よって，上りの速さは

12−2＝10 (km/時)

⬆ 静水時の速さ－川の流れの速さ ＝ 上りの速さ

より，上りにかかる時間は

70÷10＝7 (時間)

右の図2のように，下りの速さは，川の流れの分だけ速くなります。よって，下りの速さは，

12＋2＝14 (km/時)

⬆ 静水時の速さ ＋ 川の流れの速さ ＝ 下りの速さ

より，下りにかかる時間は

70÷14＝5 (時間)

したがって，往復にかかる時間は

7＋5 ＝ **12 (時間)** …㊟

静水時の速さ(流れのない水の上での速さ)に，川などの「流れの速さ」が関係する問題を「流水算」といいます。

流水算では，静水時の速さ，流れの速さ，上りの速さ，下りの速さの 4 つの速さについて考える必要があります。右の図3のような速さの線分図をかいて考えると，わかりやすくなります。上の **例題 11-❶** において，速さの線分図をかいて，それぞれの速さについて求めると，右の図4のようになります。

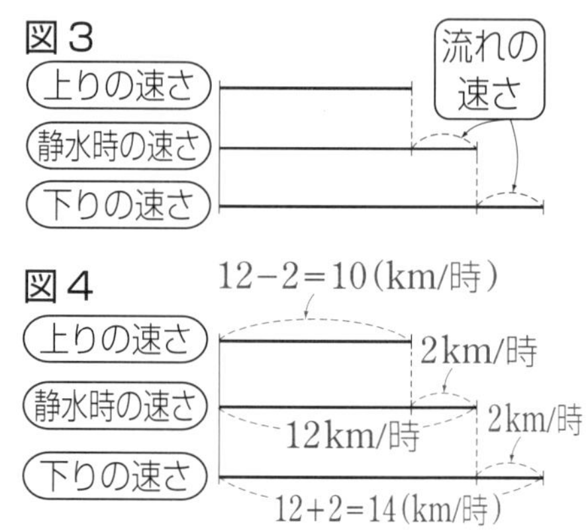

ポイント

速さの線分図をかいて，静水時の速さ，流れの速さ，上りの速さ，下りの速さの 4 つの速さを求めよう！

解答➡別冊 20 ページ

練習問題 11-❶

1 静水時の速さが毎時 10km の船があります。この船がある川を 15km 上るのに 2 時間かかりました。この川の流れの速さは毎時何 km ですか。

2 静水時の速さが一定の船が，ある川を 24km 上るのに 3 時間かかりました。この船がこの川を 36km 下るのに何時間かかりますか。ただし，この川の流れの速さは毎時 1km とします。

3 静水時の速さが時速 5km の船で川に沿(そ)って 30km はなれた 2 つの地点を往復します。川の流れの速さが時速 2.5km のとき，往復するのに何時間かかりますか。

例題11-❷

次の問いに答えなさい。

(1) 静水(せいすい)時の速さが一定の船で，ある川を32km上るのに4時間，42km下るのに3時間かかりました。この川の流れの速さとこの船の静水時の速さはそれぞれ毎時何kmですか。

(2) ある船が25kmの川を下るのに2時間かかりました。上りは，流れの速さが下りのときの1.5倍になったため，5時間かかりました。この船の静水時の速さは毎時何kmですか。

解き方と答え

(1) 上りの速さは

$32\div4=8$ (km/時)

下りの速さは

$42\div3=14$ (km/時)

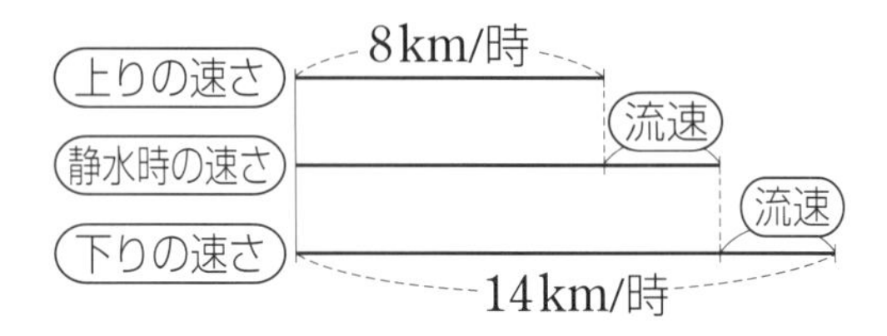

右の線分図より，この川の流れの速さ(流速)は

$(14-8)\div2=$ **3 (km/時)** …答　➡ (下りの速さ−上りの速さ)÷2= 川の流れの速さ

静水時の速さは，上りの速さと下りの速さの平均(へいきん)になりますから

$(8+14)\div2=$ **11 (km/時)** …答　➡ (上りの速さ＋下りの速さ)÷2= 船の静水時の速さ

(2) 下りの速さは

$25\div2=12.5$ (km/時)

上りの速さは

$25\div5=5$ (km/時)

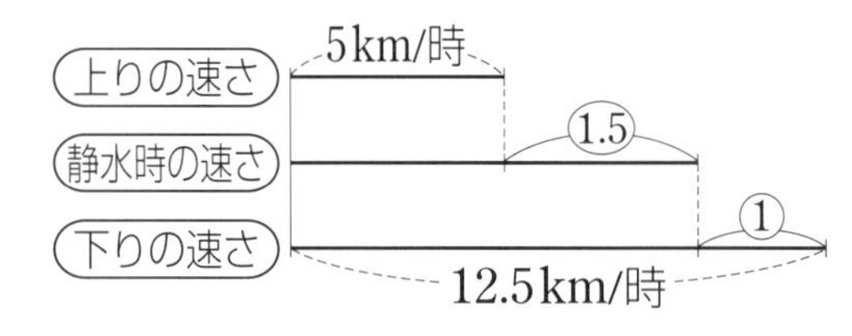

下りのときの川の流れの速さを①とすると，上りのときの川の流れの速さは(1.5)になります。

右上の線分図より，①にあたる速さは　$(12.5-5)\div(1.5+1)=3$ (km/時)

ですから，この船の静水時の速さは　$12.5-3=$ **9.5 (km/時)** …答

・川の流れの速さが一定のとき

⇨ { 川の流れの速さ ＝(下りの速さ−上りの速さ)÷2
　　船の静水時の速さ ＝(上りの速さ ＋ 下りの速さ)÷2

・川の流れの速さが変化するとき

⇨変化前の川の流れの速さを①として，線分図をかいて考えよう！

練習問題 11-❷

1 ある川を静水時の速さが一定の船で30km下るのに2時間，15km上るのに1時間40分かかりました。この川の流れの速さは毎時何kmですか。

2 ある船が川に沿って48kmはなれた2地点間を往復するのに，上りは6時間，下りは3時間かかりました。この船の静水時の速さは毎時何kmですか。

3 ある船が川を27km上るのに3時間かかりました。下りは，流れの速さが上りのときの2倍になったため，同じきょりを下るのに2時間かかりました。この船の静水時の速さは毎時何kmですか。

解答➡別冊22ページ

1 時計の針(はり)が8時8分を指しているとき，長針(ちょうしん)と短針のつくる角のうち，小さい方の角の大きさは何度ですか。

2 5時39分のとき，時計の長針と短針がつくる角のうち，小さい方の角の大きさは何度ですか。

3 10時と11時の間で，時計の長針と短針が重なるのは，10時何分ですか。

4 6時ちょうどに時計の長針と短針は正反対の向きで一直線になります。

次にこの時計の長針と短針が正反対の向きで一直線になるのは7時□分□秒です。

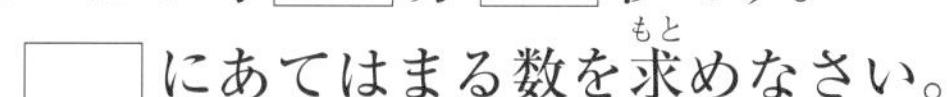

□にあてはまる数を求めなさい。

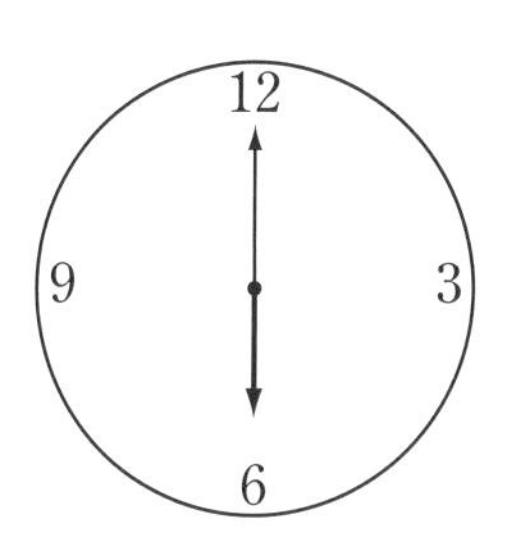

5 時速86.4kmの電車が，600mの鉄橋をわたり始めてからわたり終わるまでに30秒かかりました。この電車が1140mのトンネルを通るとき，完全にかくれている時間は何秒ですか。

6 一定の速さで走る電車が長さ820mのトンネルを50秒で，電柱の前を9秒で，それぞれ通過しました。この電車の長さは何mですか。

7 長さ50mの列車Aと長さ70mの列車Bが，それぞれ一定の速さで進んでいます。この2つの列車が向かい合って進み，出会ってからはなれるまでに4秒かかりました。

列車Aの速さを毎時43.2kmとすると，列車Bの速さは毎時何kmですか。

8 時速129.6km，長さ100mの電車Aが，長さ80mの電車Bと出会ってすれちがい終わるまでに3秒かかりました。電車Aが電車Bを同じ向きに追いかけるとき，追いついてから追いこすまでに何秒かかりますか。

9 川の上流にA町，下流にB町があります。静水(せいすい)での速さが時速8kmの船が24kmはなれたA町とB町を往復(おうふく)します。このとき，往復の平均(へいきん)の速さは，時速何kmですか。ただし，川の流れを時速2kmとします。

10 静水時の速さが毎時 9km の船があります。この船がある川を 28km 下るのに2時間 40 分かかりました。川の流れの速さが 2 倍になると，この船で 15km 上るのに何時間何分かかりますか。

11 ある船が川に沿(そ)って 42km はなれた 2 地点間を往復するのに，上りは 7 時間，下りは 5 時間かかりました。この船の静水での速さとこの川の流れの速さはそれぞれ毎時何 km ですか。

12 1 周(しゅう) 160m の流れるプールで，太郎さんは流れに沿って泳ぐと 1 周するのに 2 分かかり，流れにさからって泳ぐと 1 周するのに 8 分かかります。太郎さんが自分のゴムボートを手放して流れにさからって泳ぎはじめると，流れてくる自分のゴムボートと出会うのは何分何秒後ですか。

13日目 入試問題にチャレンジ①

制限時間 50分

解答➡別冊 25ページ

① まず2km泳ぎ，次に自転車を8kmこぎ，最後に4km走る競技があります。A選手は毎分40mの速さで泳ぎ，毎時□kmの速さで自転車をこぎ，毎秒2mの速さで走りました。A選手の記録は1時間55分20秒でした。□にあてはまる数を求めなさい。

（東京・慶應中等部）

② 9.1kmの道のりを歩きました。はじめは時速3kmで歩きましたが，と中から時速5kmで歩いて，2時間30分でとう着しました。時速3kmで歩いたのは，□分間です。□にあてはまる数を求めなさい。

（神奈川・横浜富士見丘学園中等教育学校）

③ 1900m はなれた A と B の 2 地点があります。太郎さんは分速 80m，次郎さんは分速 70m で歩くものとします。太郎さんは A 地点から B 地点に向かって出発し，その 5 分後に次郎さんは B 地点から A 地点に向かって出発します。2 人は次郎さんが出発して □ 分後に出会います。□ にあてはまる数を求めなさい。

（神奈川・桐光学園中）

④ 兄が毎時 4km の速さで出かけてから 20 分後に，弟が毎時 12km の速さで自転車で兄を追いかけました。弟は出発して何分後に兄に追いつきますか。

（神奈川・湘南学園中）

⑤ AとBの2人が同じ地点から同時に自動車で出発します。同じ向きに5時間走ったところBはAより75km前方まで進み，反対向きに3時間走ったところAとBのきょりは321kmでした。Aは時速何kmか求めなさい。（兵庫・三田学園中）

⑥ 家から1800mはなれたところに公園があります。弟は歩いて公園に向かい，その後に兄は弟の2.5倍の速さで同じ道を自転車で公園に向かいました。右のグラフは，兄と弟が家を出てからの時間と道のりの関係を表したものです。

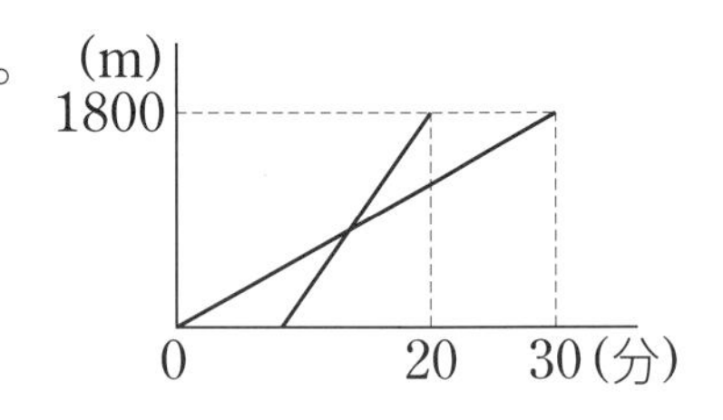

このとき，次の問いに答えなさい。（東京・日本大一中）

(1) 兄の自転車の速さは，分速何mか求めなさい。

(2) 兄が家を出たのは，弟が家を出てから何分後か求めなさい。

(3) 兄が弟に追いついたのは，兄が家を出てから何分何秒後か求めなさい。

⑦ A 市から B 市までの道のりは 45km です。太郎さんは A 市を自転車で出発し，A 市から 18km 進んだところでしばらく休み，B 市に向かいます。次郎さんは B 市を自転車で出発し A 市に向かいます。太郎さんの速さは分速 250m，次郎さんの速さは分速 200m で一定とします。右のグラフは，2 人が同時に出発し，同時にとう着した様子を表したものです。次の問いに答えなさい。

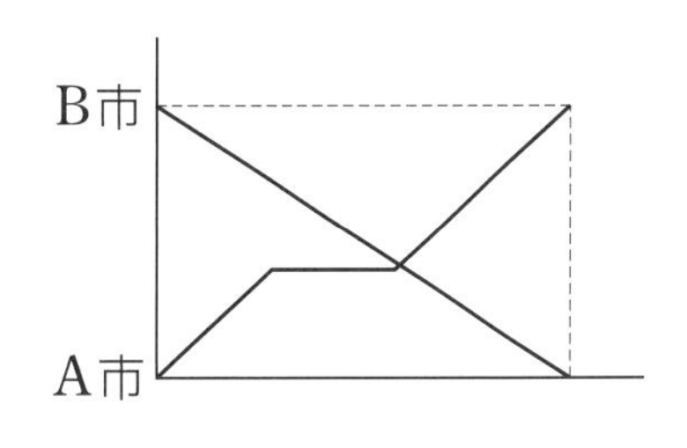

（神奈川・関東学院六浦中）

(1) 太郎さんはと中で何分休みましたか。

(2) 2 人がすれ違ったのは，A 市から何 km はなれたところですか。

⑧ 右の図のような長方形 ABCD があります。点 P は B を，点 Q は C を同時に出発し，それぞれ矢印の方向に一定の速さで辺（へん）上を 1 周（しゅう）します。2 点が出発してから 8 秒後に点 P は C を，点 Q は D を同時に通りました。このとき，次の問いに答えなさい。

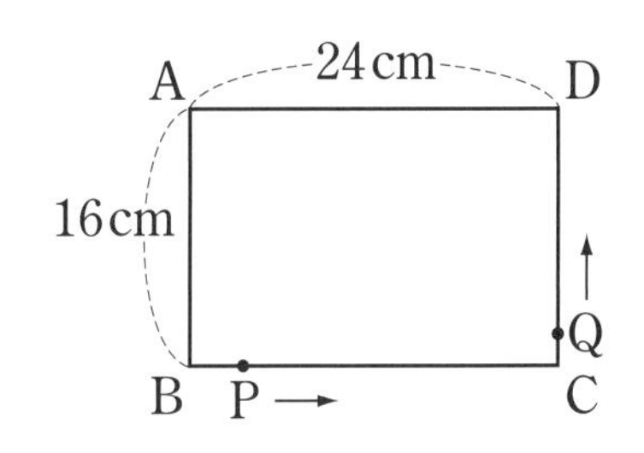

（東京・和洋九段女子中）

(1) 点 P の動く速さは毎秒何 cm ですか。

(2) 点 P が点 Q に追いつくのは，2 点が出発してから何秒後ですか。

13日目 入試問題にチャレンジ①

⑨ 時計の針(はり)が10時12分を指しています。長針(ちょうしん)と短針のつくる角度のうち，小さいほうは□度です。□にあてはまる数を求(もと)めなさい。 (広島学院中)

⑩ 次の□にあてはまる数を求めなさい。

4時から5時の間で時計の短針と長針が重なるのは，□時□分□秒です。ただし，秒については，小数第1位を四捨五入(ししゃごにゅう)して答えなさい。 (兵庫・甲南中)

⑪ 長さ 120m，時速 72km の列車が，トンネルを通りぬけるのに 24 秒かかりました。トンネルの長さは何 m ですか。

（神奈川・横浜雙葉中）

⑫ 船が川を往復（おうふく）しています。72km はなれている A 地点と B 地点を往復するのに，行きは 6 時間，帰りは 3 時間かかりました。川の流れの速さは時速何 km ですか。ただし，船の速さと川の流れの速さはともに一定であるとします。

（東京・跡見学園中）

制限時間 50分

① 太郎さんはA地点から5kmはなれたB地点へ行き，すぐに折り返してA地点にもどる散歩をすることにしました。行きを時速5kmで歩き，帰りを時速何kmで歩けば，往復の平均の速さが時速4.2kmになりますか。四捨五入により，小数第1位までの数で答えなさい。（兵庫・白陵中）

② 妹は毎分40mの速さで，家を9時56分に出て，図書館に向かって歩き始めました。妹が家を出てから12分後に姉が妹のあとを追いかけ，10時14分に追いつきました。姉の速さは毎分何mでしょう。（兵庫・松蔭中）

③ 1周1800mのジョギングコースがあります。明さんは分速210m，洋さんは分速160mで右回りに走っています。真さんは左回りに走り，明さんと4分ごとにすれちがいます。真さんは洋さんと何分何秒ごとにすれちがいますか。

（東京・東洋英和女学院中学部）

④ 1周（しゅう）1800mの公園のまわりを太郎さんと次郎さんが同じところからスタートして走ります。同じ方向に進むと太郎さんは次郎さんを60分後に追いこします。また，反対方向に進むと2人は10分後に出会います。このとき，2人の走る速さはそれぞれ毎分何mですか。

（智辯学園和歌山中）

⑤ グラフは 21km はなれた 2 つの町 A，B の間をバスが往復する様子と，太郎さんが自転車で A 町から B 町に向かう様子を表したものです。次の問いに答えなさい。（東京・明治大付中野八王子中）

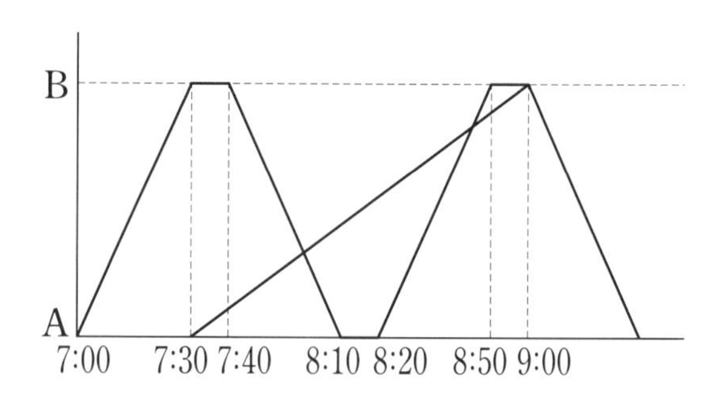

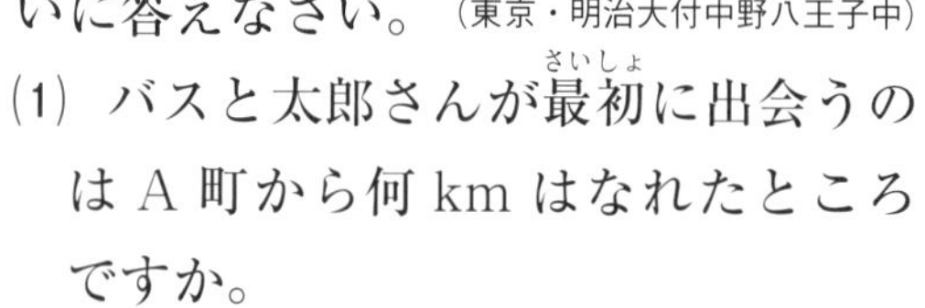

⑴ バスと太郎さんが最初に出会うのは A 町から何 km はなれたところですか。

⑵ 太郎さんがバスに追いこされるのは何時何分ですか。

⑥ 右の図のような長方形 ABCD があります。点 P，Q はそれぞれ頂点 A，C を同時に出発し，長方形の辺上を点 P は A → D → C の方向へ毎秒 4cm の速さで進み，点 Q は C → B → A の方向へ毎秒 5cm の速さで進みます。

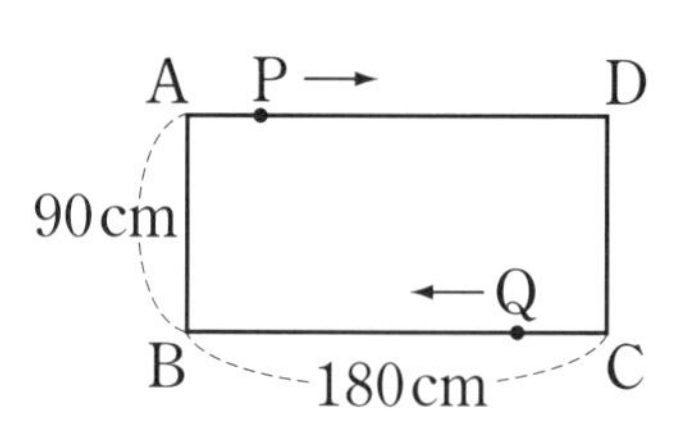

次の □ にあてはまる数を求めなさい。（東京・芝中）

⑴ 直線 PQ が辺 AB とはじめて平行になるのは出発してから □ 秒後です。

⑵ 直線 PQ が辺 AD とはじめて平行になるのは出発してから □ 秒後です。

⑦ AB を直径(ちょっけい)，点 O を中心とする円があります。この円周(えんしゅう)上を点 P と点 Q が同時に出発して，次のように動きます。

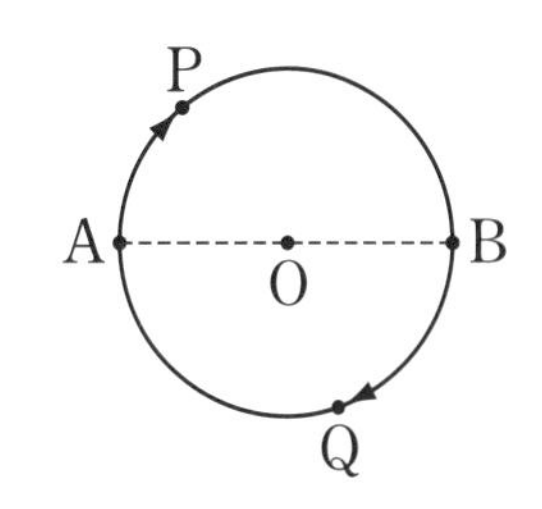

点 P は，点 A を出発して時計回りに動き，1 分で 1 周します。

点 Q は，点 B を出発して時計回りに動き，40 秒で 1 周します。

この速さで，点 P と点 Q がこの円周上をまわり続けるとき，次の問いに答えなさい。 （東京・田園調布学園中等部）

(1) 点 Q が点 P にはじめて追いつくのは，出発してから何秒後ですか。

(2) OP と OQ がつくる角が 2 回目に直角になるのは，出発してから何秒後ですか。

⑧ 3 時と 4 時の間で，長針(ちょうしん)と短針が重ならないで一直線になるのは，3 時何分か求めなさい。 （東京女学館中）

⑨ 同じ速さで走っている長さ200mの電車と長さ160mの電車が，出会ってからはなれるまでに12秒かかりました。電車の速さは時速何kmですか。

（神奈川・慶應湘南藤沢中等部）

⑩ 長さ228mで時速126kmの列車が，長さ□mで時速90kmの列車に追いついてから追いこすまでに48秒かかります。□にあてはまる数を求(もと)めなさい。

（東京・頌栄女子学院中）

⑪ ある川はA地点から5kmはなれたB地点へ時速5kmで流れています。静(せい)水(すい)時に時速10kmで進む船がAからBへ，静水時に時速25kmで進む船がBからAへ向けて同時に出発するとき，2つの船は□分後にすれちがいます。□にあてはまる数を求めなさい。

（大阪・金蘭千里中）

⑫ 静水での速さが毎時□kmの船があります。ある日，この船で川を126km上ると14時間かかりました。次の日は，川の流れの速さが1.2倍になったので，同じところを上るのに15時間かかりました。□にあてはまる数を求めなさい。

（東京・香蘭女学校中等科）

③

● 著者紹介

粟根 秀史(あわね ひでし)

教育研究グループ「エデュケーションフロンティア」代表。森上教育研究所客員研究員。大学在学中より塾講師を始め，35年以上に亘り中学受験の算数を指導。SAPIX 小学部教室長，私立さとえ学園小学校教頭を経て，現在は算数教育の研究に専念する傍ら，教材開発やセミナー・講演を行っている。また，独自の指導法によって数多くの「算数大好き少年・少女」を育て，「算数オリンピック金メダリスト」をはじめとする「算数オリンピックファイナリスト」や灘中，開成中，桜蔭中合格者等を輩出している。『中学入試 最高水準問題集 算数』『速ワザ算数シリーズ』（いずれも文英堂）等著作多数。

□ 編集協力 山口雄哉(私立さとえ学園小学校教諭)
□ 図版作成 ㈲デザインスタジオ エキス.

シグマベスト
中学入試 分野別集中レッスン
算数 速さ

著 者 粟根秀史
発行者 益井英郎
印刷所 中村印刷株式会社
発行所 株式会社文英堂
〒601-8121 京都市南区上鳥羽大物町28
〒162-0832 東京都新宿区岩戸町17
(代表)03-3269-4231

●落丁・乱丁はおとりかえします。

中学入試

分野別

集中レッスン

速さ

解答・解説

文英堂

1日目 速さの3公式・速さのグラフ

練習問題 1-❶ の答え

問題➡本冊5ページ

1 (1) **420**　(2) **2.7**　(3) **400**　(4) **20**

2 (1) **40**　(2) **2**　(3) 順に **1，20**

解き方

1 (1) 「1秒間で7m進むとき，1分間（＝60秒間）では何m進みますか」ということですから，答えは

$7\times60=$**420**（m）

(2) 「1分間で45m進むとき，1時間（＝60分間）では何km進みますか」ということですから，答えは

$45\times60=2700$（m）

$2700\div1000=$**2.7**（km）

(3) 「1時間（＝60分間）で24km(＝24000m)進むとき，1分間では何m進みますか」ということですから，答えは

$24000\div60=$**400**（m）

(4) 1時間＝60分＝(60秒×60＝)3600秒

「1時間（＝3600秒）で72km(＝72000m)進むとき，1秒間では何m進みますか」ということですから，答えは

$72000\div3600=$**20**（m）

2 (1) $54\div1\frac{21}{60}=$**40**（km/時）

進んだ道のり÷かかった時間＝速さ

(2) $4.8\times\frac{25}{60}=$**2**（km）

速さ×かかった時間＝進んだ道のり

(3) 4km＝4000m

$4000\div50=80$（分）＝**1時間20分**

進んだ道のり÷速さ＝かかった時間

練習問題 1-❷ の答え

問題➡本冊7ページ

1 (1) **毎時9km**　(2) **毎時10.8km**

(3) **11.4km**

2 (1) **$13\frac{1}{3}$**　(2) **2分20秒**

解き方

1 (1) アの部分では40分で6km進んでいますから，求める速さは

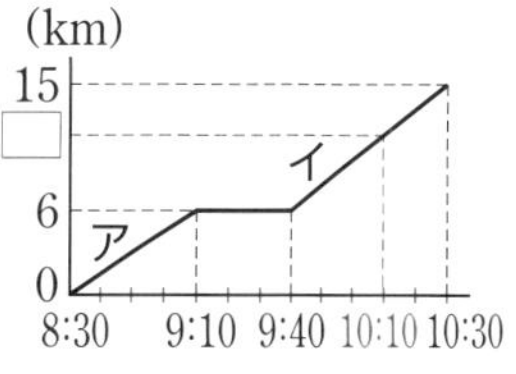

$6\div\frac{40}{60}=$**9（km/時）**

(2) イの部分では50分で(15－6＝)9km進んでいますから，求める速さは

$9\div\frac{50}{60}=$**10.8（km/時）**

(3) 右上のグラフの□にあてはまる数を求めます。

9時40分から10時10分までの30分間に

$10.8\times\frac{30}{60}=5.4$（km）

進みますから，求めるきょりは

$6+5.4=$**11.4（km）**

2 (1) 右のグラフのアの部分では，500mを毎分50mで進んでいますから，□にあてはまる時間は

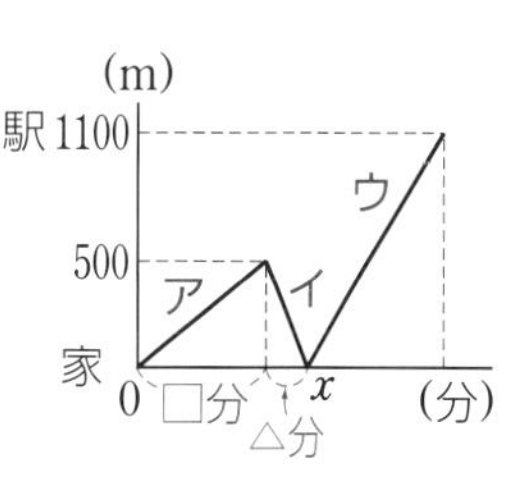

$500\div50=10$（分）

イの部分では，500mを毎分150mで進んでいますから，△にあてはまる時間は

$500\div150=3\frac{1}{3}$（分）

したがって，x にあてはまる値は

$$10+3\frac{1}{3}=\mathbf{13\frac{1}{3}}$$

(2)　まず実際にかかった時間を求めます。

グラフのウの部分では，1100m を毎分 100 m で進んでいますから，かかった時間は

1100÷100=11 (分)

よって，実際にかかった時間は，全部で

$$13\frac{1}{3}+11=24\frac{1}{3}\ (分) \rightarrow 24分20秒$$

次に，忘れ物をしなかった場合にかかる時間を求めると

1100÷50=22 (分)

になりますから，求める時間は

24 分 20 秒 −22 分=**2 分 20 秒**

とわかります。

2日目 往復の平均の速さ・速さのつるかめ算

練習問題 2-❶ の答え

問題➡本冊9ページ

1 毎時 3.75km　2 21　3 毎時 4.5km

解き方

1 往復の道のりは　15×2=30 (km)

行きにかかった時間は

15÷3=5 (時間)

帰りにかかった時間は

15÷5=3 (時間)

往復にかかった時間は

5+3=8 (時間)

したがって，往復の平均の速さは

30÷8=**3.75 (km/時)**

往復の道のり÷往復にかかった時間
=往復の平均の速さ

2 往復の道のりは　84×2=168 (km)

往復にかかった時間は

168÷24=7 (時間)

行きにかかった時間は

84÷28=3 (時間)

帰りにかかった時間は

7−3=4 (時間)

したがって，帰りの速さは

84÷4=**21** (km/時)

3 AB 間の道のりは

$3.6\times2\frac{10}{60}=7.8$ (km)

往復の道のりは　7.8×2=15.6 (km)

往復にかかった時間は

2時間10分+1時間18分=3時間28分

したがって，往復の平均の速さは

$15.6\div3\frac{28}{60}=$**4.5 (km/時)**

練習問題 2-❷ の答え

問題➡本冊11ページ

1 17分後　2 2.16km

解き方

1 □分後に速さを変えたとして，問題文の条件を面積図に表すと，右の図1のようになります。この面積図に，右の図2のようにしゃ線部分の長方形をつけたして考えます。

図1

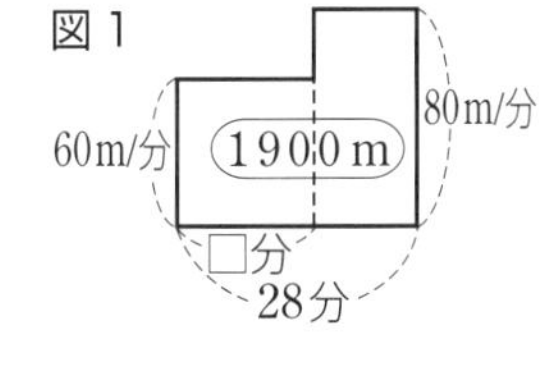

図2

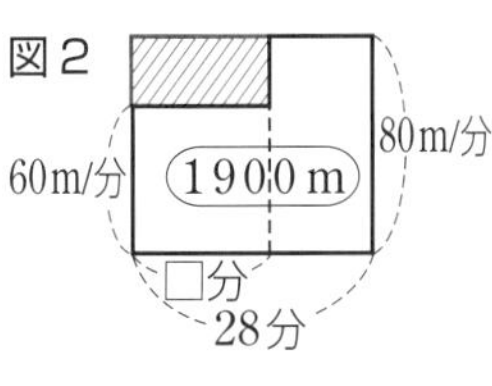

しゃ線部分の長方形の面積は

80×28−1900=340 (m)

ですから，□にあてはまる数は

340÷(80−60)=**17 (分後)**

2 AB 間を進むのに□分かかったとして，問題文の条件を面積図に表すと，右の図1のようになります。この面積図を，右の図2のように横に区切って考えます。

図1

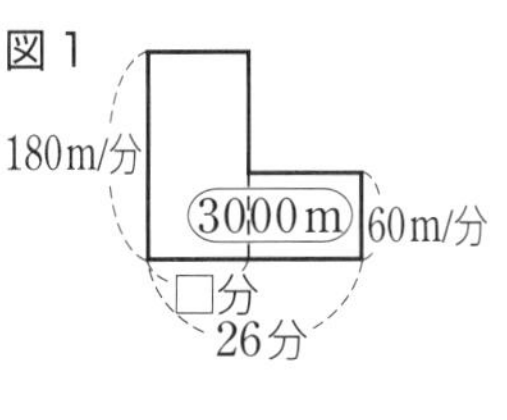

図2

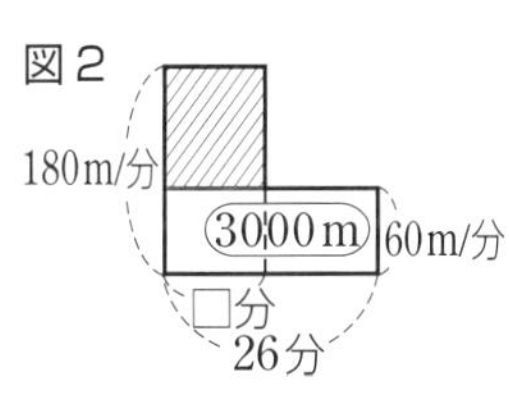

図2のしゃ線部分の面積は

3000−60×26=1440 (m)

ですから，□にあてはまる数は

1440÷(180−60)=12 (分)

したがって，AB 間の道のりは

180×12=2160 (m)

→ **2.16km**

練習問題 3-❶ の答え

問題➡本冊 13ページ

1 28分後　2 360m　3 3時7分

解き方

1 Aさんと Bさんが進んだきょりの和が 3080mになったとき，2人は出会います。
Aさんと Bさんが1分間に進むきょりの和(分速の和)は
52＋58＝110 (m)
ですから，2人が出会うのは出発してから
3080÷110＝**28 (分後)**

2 姉と妹が1分間に進むきょりの和(分速の和)は
55＋35＝90 (m)
ですから，求めるきょりは
90×4＝**360 (m)**

3 午後3時2分(お母さんが家を出発した時刻)までに Aさんは
50×2＝100 (m)
進みますから，このときの2人の間のきょりは
700－100＝600 (m)
Aさんとお母さんが1分間に進むきょりの和(分速の和)は
50＋70＝120 (m)
ですから，2人が出会うのは，お母さんが出発してから
600÷120＝5 (分後)
したがって，求める時刻は
3時2分＋5分＝**3時7分**

練習問題 3-❷ の答え

問題➡本冊 15ページ

1 10分後　2 分速 130m　3 35分後

解き方

1 Aさんが5分間で進むきょりは
60×5＝300 (m)
より，Bさんが出発したとき，2人の間のきょりは 300mになります。よって，2人が進んだきょりの差が 300mになったとき，Bさんは Aさんに追いつきます。
2人が1分間に進むきょりの差(分速の差)は
90－60＝30 (m)
ですから，Bさんが Aさんに追いつくのは，Bさんが出発してから
300÷30＝**10 (分後)**

2 聖子さんが10分間で進むきょりは
80×10＝800 (m)
より，お兄さんが出発したとき，2人の間のきょりは 800mになります。よって，2人が進んだきょりの差が 800mになったとき，お兄さんは聖子さんに追いつきます。
2人が1分間に進むきょりの差(分速の差)は
800÷(26－10)＝50 (m)
より，お兄さんの速さは
80＋50＝**130 (m/分)**

3 英和さんが10分間で進むきょりは
60×10＝600 (m)
より，成美さんが出発したとき，2人の間のきょりは 600mになります。よって，2人が進んだきょりの差が
600－100＝500 (m)
になったとき，2人の間のきょりがはじめて 100mになります。
2人が1分間に進むきょりの差(分速の差)は
80－60＝20 (m)
より，2人の間のきょりがはじめて 100mになるのは，英和さんが出発してから
500÷20＋10＝**35 (分後)**

1 (1) 毎分 250m (2) 75km
(3) 1時間28分

2 10.8 **3** (1) 480m (2) 毎分 48m

4 (1) 時速 48km (2) 40分 **5** 毎時 4km

6 時速 $13\frac{1}{3}$km **7** 28分 **8** 57分

9 順に 15分後, 3.6km

10 順に 午後2時17分, 1.19km

11 順に 20, 1200 **12** 6

解き方

1 (1) 10km＝10000m
10000÷40＝**250 (m/分)**
↑ 進んだ道のり ÷ かかった時間 ＝ 速さ

(2) $36\times2\frac{5}{60}$＝**75 (km)**
↑ 速さ ÷ かかった時間 ＝ 進んだ道のり

(3) $66\div45=1\frac{7}{15}$ (時間)
↑ 進んだ道のり ÷ 速さ ＝ かかった時間

$60\times\frac{7}{15}=28$ (分)

よって, 答えは**1時間28分**です。

2 3km＝3000m
歩いて進んだ道のりは
80×15＝1200 (m)
より, 自転車をこいで進んだ道のりは
3000－1200＝1800 (m)
よって, 自転車の分速は
1800÷10＝180 (m/分)
より, 自転車の時速は
180×60÷1000＝**10.8** (km/時)

3 (1) グラフより, 家から図書館まで8分かかっていることがわかりますから, 求めるきょりは
60×8＝**480 (m)**

(2) グラフより, 図書館から家にもどるまでに(25－15＝)10分かかっていることがわかりますから, 求める速さは
480÷10＝**48 (m/分)**

4 (1) グラフのアの部分に着目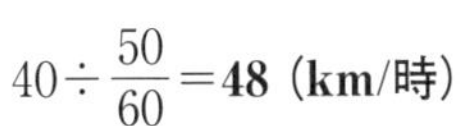すると, 求める速さは

$40\div\frac{50}{60}$＝**48 (km/時)**

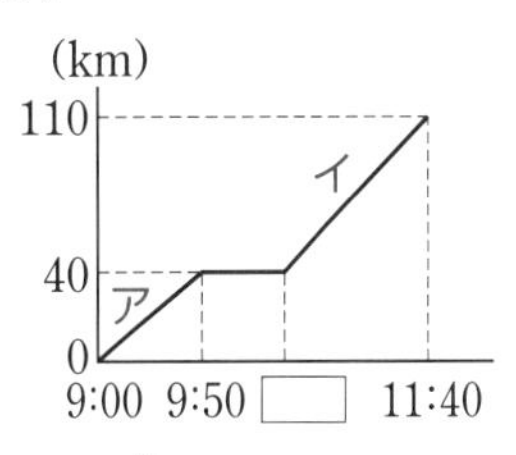

(2) グラフのイの部分に着目して, □にあてはまる時刻を求めます。

$(110-40)\div60=1\frac{1}{6}$ (時間)

→1時間10分
□＝11時40分－1時間10分
＝10時30分
したがって, 休けいしていた時間は
10時30分 －9時50分 ＝**40分**

5 往復の道のりは 14×2＝28 (km)
往復にかかった時間は 3＋4＝7 (時間)
よって, 往復の平均の速さは
28÷7＝**4 (km/時)**

6 片道のきょりを10でも20でもわり切れる数である20kmとすると,
往復のきょりは
20×2＝40 (km)

↑ 往復の平均の速さは, どんなきょりでも同じになるので, 計算しやすい数に決めて考える。

行きにかかった時間は 20÷10＝2 (時間)
帰りにかかった時間は 20÷20＝1 (時間)
往復にかかった時間は 2＋1＝3 (時間)
したがって, 往復の平均の速さは

$40\div3=\mathbf{13\frac{1}{3}}$ **(km/時)**

7 歩いた時間を□分として, 問題文の条件を面積図に表すと, 次ページの図1のようになります。この面積図に, 次ページの図2のようにしゃ線部分の長方形をつけたして考えます。

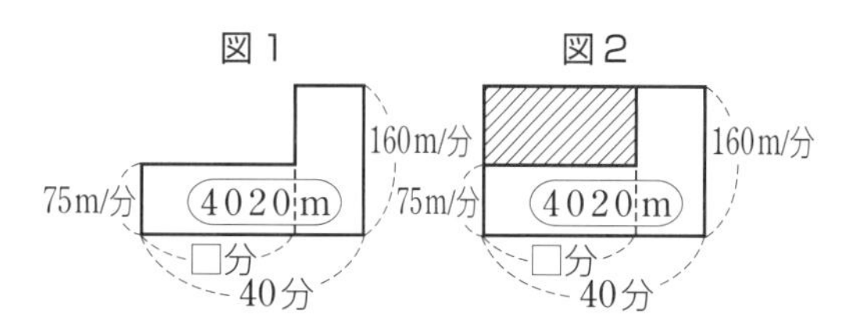

しゃ線部分の長方形の面積は

160×40－4020＝2380（m）

ですから，□にあてはまる数は

2380÷(160－75)＝**28（分）**

8 歩いた時間の合計とバスに乗っていた時間の和は

1時間15分－6分＝1時間9分

太郎さんがバスに乗っていた時間を□時間として，問題文の条件を面積図に表すと，下の図1のようになります。この面積図を，下の図2のように横に区切って考えます。

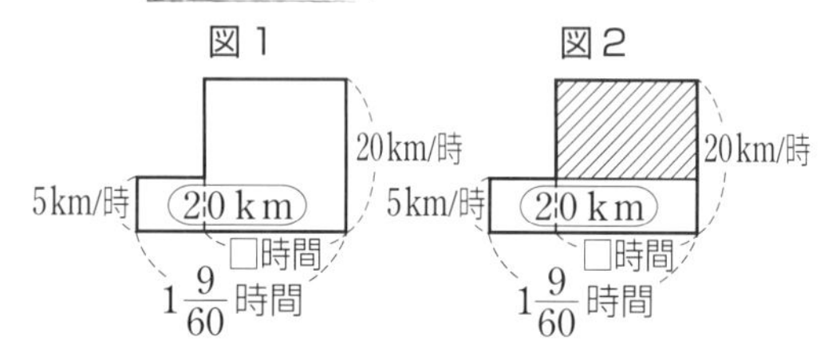

しゃ線部分の面積は

$20-5\times1\frac{9}{60}=\frac{57}{4}$（km）

ですから，□にあてはまる数は

$\frac{57}{4}\div(20-5)=\frac{19}{20}$（時間）

よって，答えは

$60\times\frac{19}{20}=$**57（分）**

9 姉と妹が進んだきょりの和が4800mになったとき，2人は出会います。姉と妹が1分間に進むきょりの和（分速の和）は

240＋80＝320（m）

ですから，2人が出会うのは出発してから

4800÷320＝**15（分後）**

また，出会った場所の家からのきょりは

240×15＝3600（m）→ **3.6km**

10 午後2時3分（Aさんが家を出発した時刻）までに，Bさんは

70×3＝210（m）

進みますから，このときの2人の間のきょりは

2100－210＝1890（m）

2人が1分間に進むきょりの和は

65＋70＝135（m）

ですから，2人が出会うのは，Aさんが出発してから

1890÷135＝14（分後）

したがって，求める時刻は

午後2時3分＋14分＝**午後2時17分**

また，出会った場所の公園からのきょりは

70×17＝1190（m）→ **1.19km**

11 Aさんが12分間で進むきょりは

60×12＝720（m）

より，弟が出発したとき，2人の間のきょりは720mになります。よって，2人が進んだきょりの差が720mになったとき，弟はAさんに追いつきます。

2人が1分間に進むきょりの差（分速の差）は

150－60＝90（m）

より，弟がAさんに追いつくのは，弟が出発してから

720÷90＝8（分後）

したがって，求める時間は

12＋8＝**20**（分後）

また，求めるきょりは

60×20＝**1200**（m）

12 2人が1分間に進むきょりの差（分速の差）は

96－72＝24（m）

より，18分間で2人が進んだきょりの差は

24×18＝432（m）

になります。

よって，次郎さんが出発したとき，2人の間のきょりは432mであったことがわかりますから，□にあてはまる数は

432÷72＝**6**（分後）

5日目 旅人算②

練習問題 5-❶ の答え

問題➡本冊21ページ

1 毎分 70m　**2** 9 分後　**3** 16 分ごと

解き方

1 2 人が 1 分間に進むきょりの和(分速の和)は

600÷5＝120 (m)

より，B さんの速さは

120－50＝**70 (m/分)**

2 2 人が進んだきょりの差が 450m(池のまわりの長さ)になったとき，A さんは B さんをはじめて追いこします。

2 人が 1 分間に進むきょりの差(分速の差)は

110－60＝50 (m)

ですから，A さんが B さんをはじめて追いこすのは，歩き始めてから

450÷50＝**9 (分後)**

3 かずみさんの分速は

30×1000÷60＝500 (m/分)

なおきさんの分速は

18×1000÷60＝300 (m/分)

2 人が 1 分間に進むきょりの和(分速の和)は

500＋300＝800 (m)

より，この円形のトラック 1 周の長さは

800×4＝3200 (m)

2 人が 1 分間に進むきょりの差(分速の差)は

500－300＝200 (m)

よって，2 人が同じ方向に走るとき，かずみさんはなおきさんを

3200÷200＝**16 (分ごと)**

に追いこします。

練習問題 5-❷ の答え

問題➡本冊23ページ

1 分速 60m　**2** 分速 76m

解き方

1 反対方向に歩くと 10 分で出会うことから，2 人の分速の和は

1100÷10＝110 (m/分)

⬆ 池のまわりの長さ ÷ 出会うまでの時間 ＝ 分速の和

同じ方向に歩くと 110 分で兄が弟に追いつくことから，2 人の分速の差は

1100÷110＝10 (m/分)

⬆ 池のまわりの長さ ÷ 追いこすまでの時間
＝ 分速の差

よって，和差算で，兄の分速は

(110＋10)÷2＝**60 (m/分)**

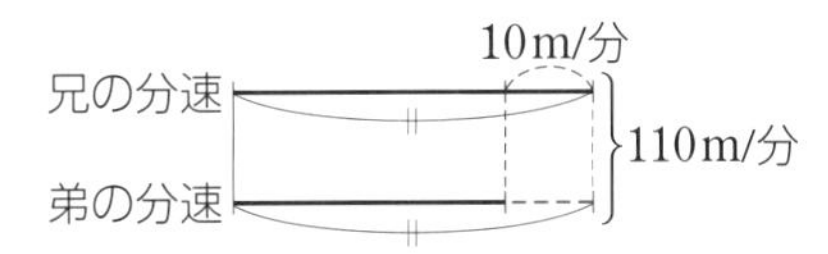

2 同じ方向に歩くと 45 分後に A さんは B さんに追いつくことから，2 人の分速の差は

855÷45＝19 (m/分)

⬆ 池のまわりの長さ ÷ 追いこすまでの時間
＝ 分速の差

反対方向に歩くと 5 分後に出会うことから，2 人の分速の和は

855÷5＝171 (m/分)

⬆ 池のまわりの長さ ÷ 出会うまでの時間
＝ 分速の和

よって，和差算で，B さんの分速は

(171－19)÷2＝**76 (m/分)**

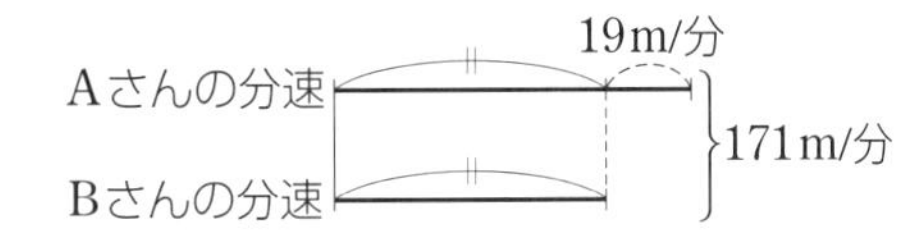

6日目 旅人算のグラフ

練習問題 6-❶ の答え

問題➡本冊25ページ

1 9時15分　　**2** 8分後

解き方

1 A地点からB地点へ向かう自動車は，100km進むのに

11時20分−8時
＝3時間20分
$=3\frac{1}{3}$時間

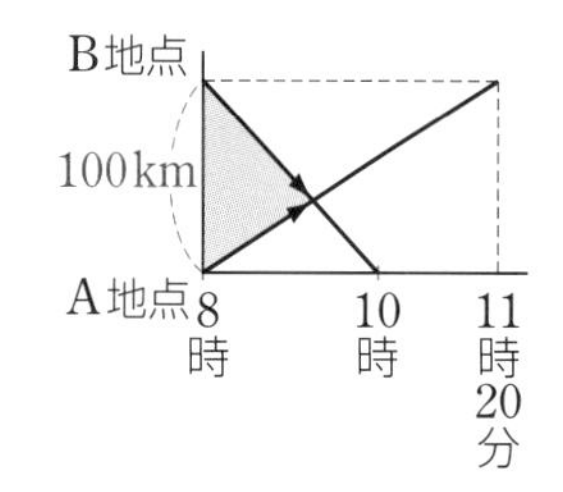

かかっていますから，時速は

$100\div3\frac{1}{3}=30$ (km/時)

B地点からA地点へ向かう自動車は，100km進むのに

10時−8時＝2時間

かかっていますから，時速は

100÷2＝50 (km/時)

したがって，2台の自動車が出会ったのは，出発してから

2人の間のきょり÷2人の速さの和
↓＝出会うまでの時間

100÷(30＋50)＝1.25 (時間後)
→1時間15分後

ですから，求める時刻は

8時＋1時15分＝**9時15分**

2 Aさんの分速は

1080÷(12−4)＝135 (m/分)

Bさんの分速は

1080÷16＝67.5 (m/分)

Aさんが出発するとき，Bさんは

67.5×4＝270 (m)

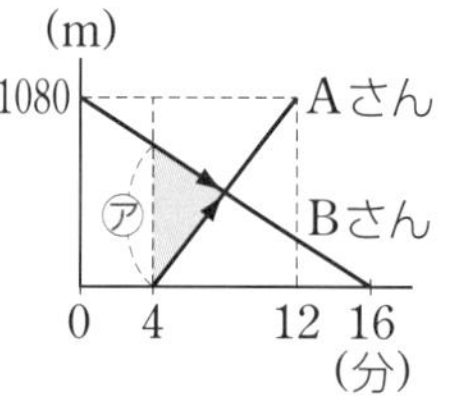

進んでいますから，そのときの2人の間のきょり(グラフの㋐のきょり)は

1080−270＝810 (m)

したがって，2人が出会うのはAさんが出発してから

810÷(135＋67.5)＝4 (分後)
↑2人の間のきょり÷2人の速さの和
＝出会うまでの時間

ですから，Bさんが出発してからは

4＋4＝**8 (分後)**

練習問題 6-❷ の答え

問題➡本冊27ページ

1 13分20秒　　**2** ㋐ 9　　㋑ 450

解き方

1 姉の分速は

8000÷(40−20)＝400 (m/分)

妹の分速は

8000÷50＝160 (m/分)

姉が出発するとき，妹は

160×20＝3200 (m)

進んでいますから，そのときの2人の間のきょり(グラフの㋐のきょり)は3200mです。

したがって，姉が妹に追いつくのにかかった時間は

2人の間のきょり÷2人の速さの差
↓＝追いつくまでの時間

$3200\div(400-160)=13\frac{1}{3}$ (分)

→**13分20秒**

2 弟の分速は

$1200 \div 24 = 50$ (m/分)

兄の分速は

$50 \times 3 = 150$ (m/分)

よって，兄が家から公園まで行くのにかかった時間は

$1200 \div 150 = 8$ (分)

ですから，グラフの㋒にあてはまる数は

$14 - 8 = 6$

です。

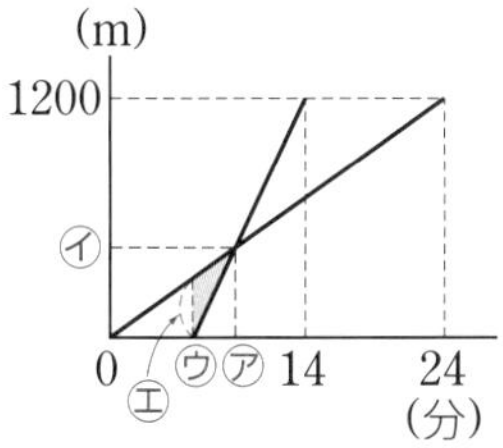

よって，兄が出発したとき，弟は

$50 \times 6 = 300$ (m)

進んでいますから，そのときの2人の間のきょり（グラフの㋓のきょり）は300m です。

したがって，兄が弟に追いつくのは，兄が出発してから

$300 \div (150 - 50) = 3$ (分後)

↑2人の間のきょり÷2人の速さの差
＝追いつくまでの時間

ですから，㋐にあてはまる数は　$6 + 3 =$ **9**

また，兄が弟に追いついた地点は，家から

$150 \times 3 = 450$ (m)

ですから，㋑にあてはまる数は **450** です。

2点の移動（旅人算の利用）

練習問題 7-❶ の答え

問題➡本冊29ページ

1 (1) **9 秒後**　　(2) **21 秒後**

2 (1) **2 秒後**　　(2) **8 秒後**

解き方

1 (1) 右の図1のように，2点P，Qがはじめて出会うのは，進んだ長さの和が

$15\times3=45$ (cm)

になるときです。

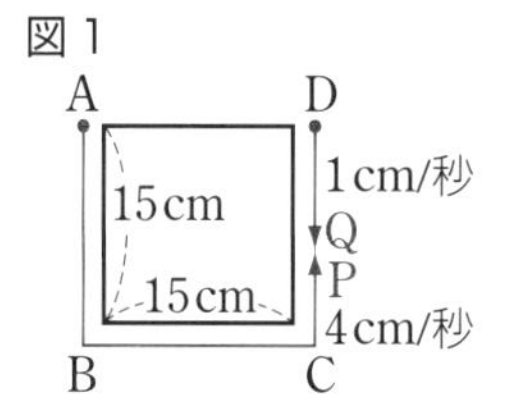

2点P，Qが1秒間に進む長さの和(秒速の和)は

$4+1=5$ (cm)

したがって，2点がはじめて出会うのは，動き始めてから

$45\div5=$**9 (秒後)**

(2) 右の図2のように，2点P，Qが2回目に出会うのは，はじめて出会った地点から進んだ長さの和が

$15\times4=60$ (cm)

になるときです。

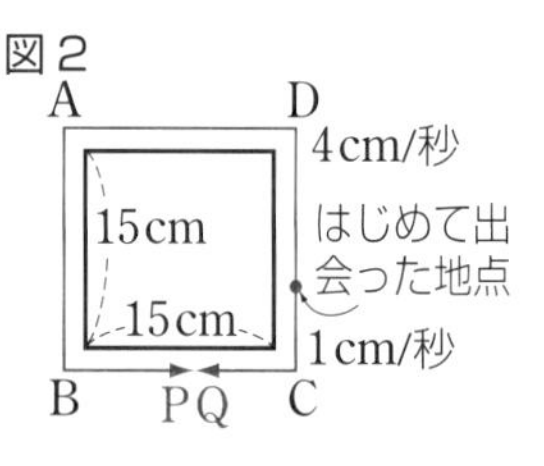

したがって，2点が2回目に出会うのは，はじめて出会ったときから

$60\div5=12$ (秒後)

ですから，動き始めてからは

$9+12=$**21 (秒後)**

2 (1) 直線PQが辺ADとはじめて平行になるのは，次の図1のようになるときです。

このとき，AP+CQ=20cm ですから，PとQの進んだ長さの和は20cmになります。

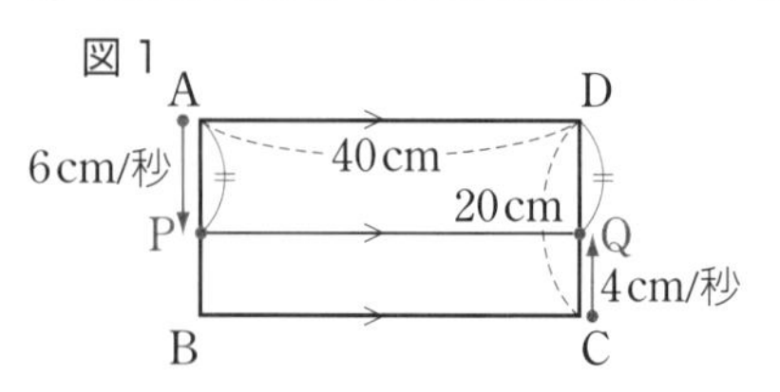

2点P，Qが1秒間に進む長さ(秒速)の和は

$6+4=10$ (cm)

ですから，直線PQが辺ADとはじめて平行になるのは，出発してから

$20\div10=$**2 (秒後)**

(2) 直線PQが辺ABとはじめて平行になるのは，右の図2のようになるときです。

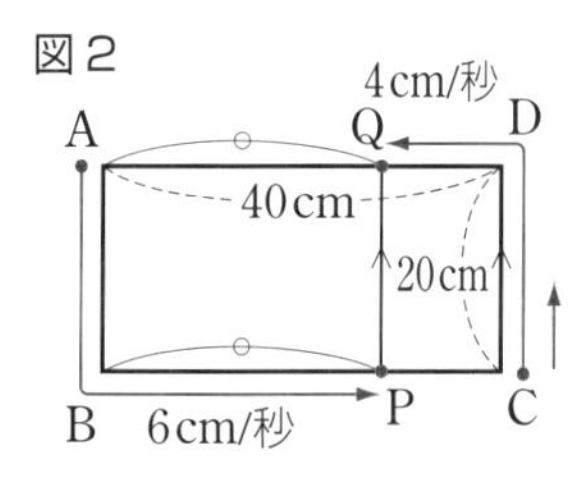

このとき，BP+DQ=40cm ですから，PとQが進んだ長さの和は

$20\times2+40=80$ (cm)

になります。

したがって，直線PQが辺ABとはじめて平行になるのは，出発してから

$80\div10=$**8 (秒後)**

練習問題 7-❷ の答え

問題➡本冊31ページ

1 (1) **14.4 秒後**　(2) **4 秒後**

2 (1) **15 秒後**　(2) **45 秒後**

解き方

1 (1) 2点P，Qの角速度は，毎秒

P → 360°÷24＝15°

Q → 360°÷36＝10°

点Pと点Qがはじめて出会うのは点Pと点Qのまわった角度の和が360°になったときですから，出発してから

360°÷(15°＋10°)＝**14.4 (秒後)**

(2) OPとOQがつくる角がはじめて100°になるのは，点Pと点Qのまわった角度の和が100°になるときですから，出発してから

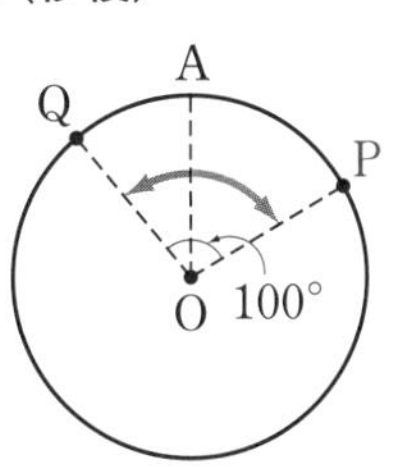

100°÷(15°＋10°)＝**4 (秒後)**

2 (1) 2点P，Qの角速度は，毎秒

P → 360°÷60＝6°

Q → 360°÷36＝10°

角POQの大きさがはじめて60°になるのは，点Qの方が点Pよりも60°多くまわったときですから，出発してから

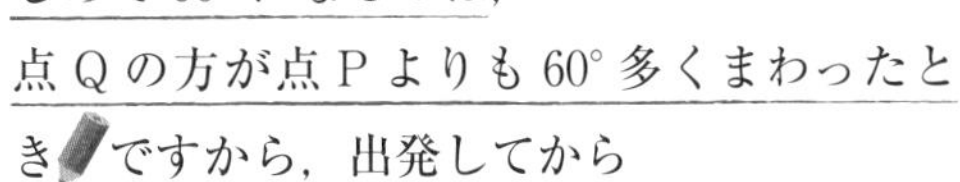

60°÷(10°－6°)＝**15 (秒後)**

(2) 2点P，Qのきょりが最も長くなるのは，PQが円の直径になるときです。点Qの方が点Pよりも180°多くまわったときですから，出発してから

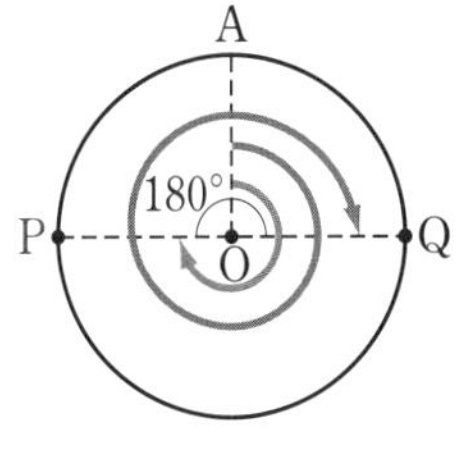

180°÷(10°－6°)＝**45 (秒後)**

7日目

2点の移動（旅人算の利用）

1 14.4 分後 **2** 750 m **3** 分速 60 m
4 毎分 350 m **5** 400 m
6 (1) 時速 9 km (2) 48 分後
7 (1) 時速 30 km (2) 時速 6 km (3) 2 km
(4) 4 時 22 分 30 秒
8 (1) 5 秒後 (2) 15 秒後
9 (1) 9 秒後 (2) 7.5 秒後 **10** 6 秒後

解き方

1 A さんの分速は　$2160 \div 24 = 90$ (m/分)
B さんの分速は　$2160 \div 36 = 60$ (m/分)
2 人が 1 分間に進むきょりの和(分速の和)は
$90 + 60 = 150$ (m)
より，2 人がはじめて出会うのは出発してから
$2160 \div 150 =$ **14.4 (分後)**
池のまわりの長さ ÷ 分速の和
＝出会うまでの時間

2 2 人が 1 時間に進むきょりの差(時速の差)は
$4 - 3 = 1$ (km)
より，池の 1 周の長さは
$1 \times \frac{45}{60} = 0.75$ (km) → **750 m**
時速の差 × 追いつくまでの時間
＝池のまわりの長さ

3 2 人が 1 分間に進むきょりの和(分速の和)は
$2700 \div 20 = 135$ (m)
湖のまわりの長さ ÷ 出会うまでの時間
＝分速の和
こうじさんの分速は
$2700 \div 36 = 75$ (m/分)
よって，明子さんの分速は
$135 - 75 =$ **60 (m/分)**

4 反対方向に走ると 40 秒後に出会うことから，2 人の分速の和は
$400 \div \frac{40}{60} = 600$ (m/分)
池のまわりの長さ ÷ 出会うまでの時間
＝分速の和
同じ方向に走ると 4 分後によういちさんはあきらさんに追いつくことから，2 人の分速の差は
$400 \div 4 = 100$ (m)
池のまわりの長さ ÷ 追いつくまでの時間
＝分速の差
よって，和差算で，よういちさんの速さは
$(600 + 100) \div 2 =$ **350 (m/分)**

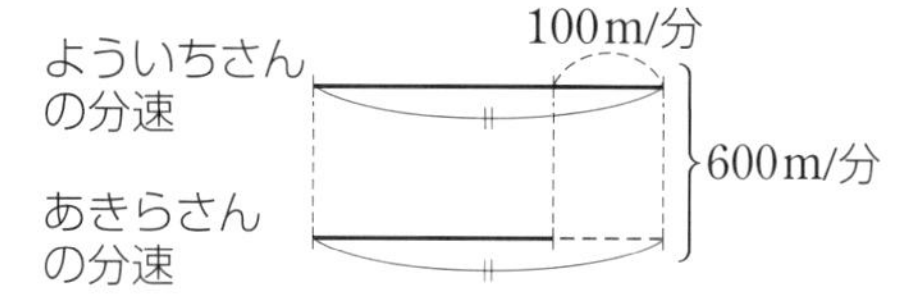

5 のり子さんの分速は　$600 \div 5 = 120$ (m/分)
弟の分速は　$600 \div 10 = 60$ (m/分)

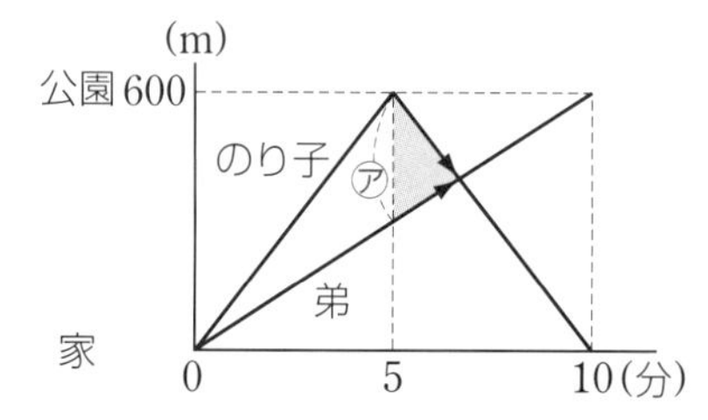

2 人が出発してから 5 分後の 2 人の間のきょり(グラフの㋐のきょり)は
$600 - 60 \times 5 = 300$ (m)
よって，2 人が出会ったのは，のり子さんが公園を折り返してから
$300 \div (120 + 60) = 1\frac{2}{3}$ (分後)
2 人の間のきょり ÷ 2 人の速さの和
＝出会うまでの時間
ですから，2 人が出発してから
$5 + 1\frac{2}{3} = 6\frac{2}{3}$ (分後)
です。したがって，家から 2 人が出会った地点までのきょりは
$60 \times 6\frac{2}{3} =$ **400 (m)**

（別解）

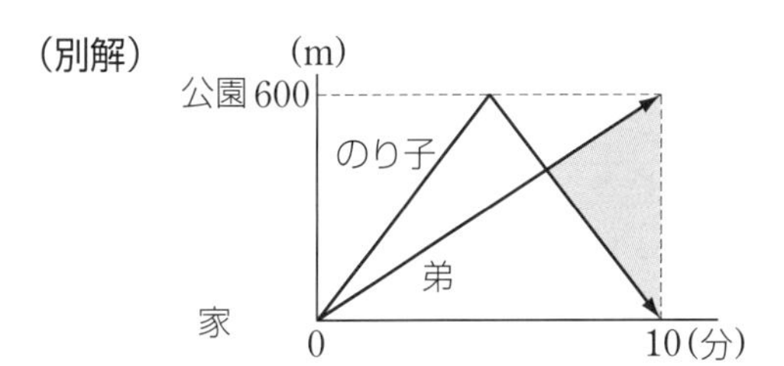

2 人がすれちがってから，同時にとう着するまでの時間は

$600\div(120+60)=3\frac{1}{3}$（分）

よって，家から 2 人が出会った地点までのきょりは，のり子さんが $3\frac{1}{3}$ 分で進むきょりと同じですから

$120\times3\frac{1}{3}=$**400（m）**

6 (1) バスの時速は　$18\div\frac{30}{60}=36$（km/時）

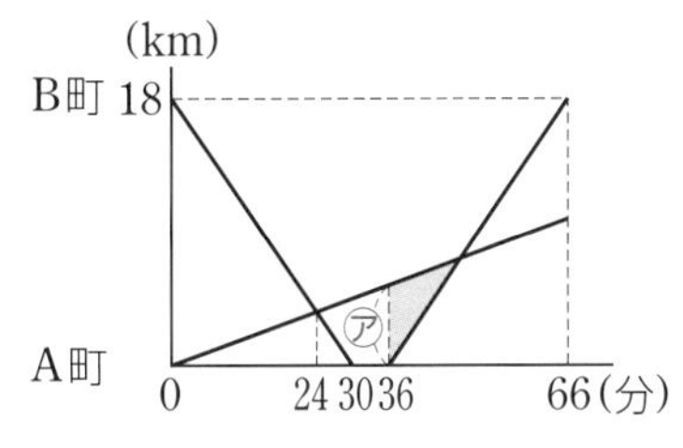

グラフより，バスと自転車は出発してから 24 分後に出会っていますから，バスと自転車の時速の和は

$18\div\frac{24}{60}=45$（km/時）

したがって，自転車の時速は

$45-36=$**9（km/時）**

(2) 太郎さんは 36 分で

$9\times\frac{36}{60}=5.4$（km）

進みますから，バスが A 町を折り返したときの太郎さんとバスの間のきょり（グラフの㋐のきょり）は，5.4km です。

したがって，太郎さんがバスに追いこされるのは，バスが折り返してから

$5.4\div(36-9)=0.2$（時間後）→ 12分後

ですから，太郎さんが出発してからは

$36+12=$**48（分後）**

7 (1) $4.5\div\frac{9}{60}=$**30（km/時）**

(2)

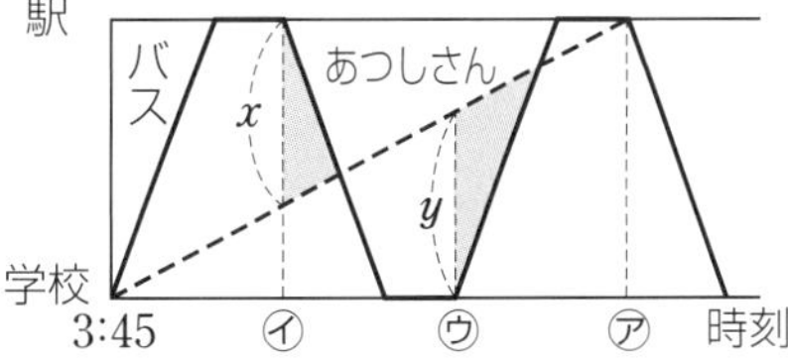

グラフの㋐は 3 時 45 分から

$9\times3+6\times3=45$（分後）

の時刻になりますから，あつしさんの時速は

$4.5\div\frac{45}{60}=$**6（km/時）**

(3) グラフの㋑は，3 時 45 分から，

$9+6=15$（分後）の時刻になりますから，グラフの x のきょりは

$4.5-6\times\frac{15}{60}=3$（km）

よって，あつしさんとバスがすれちがったのは，㋑の時刻から

$3\div(30+6)=\frac{1}{12}$（時間後）

↑ 間のきょり ÷ 速さの和 ＝ 出会うまでの時間

ですから，3 時 45 分からは

$\frac{15}{60}+\frac{1}{12}=\frac{1}{3}$（時間後）

になります。したがって，あつしさんとバスがすれちがった地点と学校とのきょりは

$6\times\frac{1}{3}=$**2（km）**

(4) グラフの㋒は，3 時 45 分から，

$9\times2+6\times2=30$（分後）の時刻ですから，グラフの y のきょりは

$6\times\frac{30}{60}=3$（km）

よって，あつしさんがバスに追いこされるのは，㋒の時刻から

$3\div(30-6)=\frac{1}{8}$（時間後）→ 7 分 30 秒後

↑ 間のきょり ÷ 速さの差 ＝ 追いこされるまでの時間

このときの時刻は

3 時 45 分＋30 分＋7 分 30 秒

＝**4 時 22 分 30 秒**

8 (1) 点Pが点Qにはじめて追いつくのは，右の図のように，点Pと点Qが動いた長さの差が

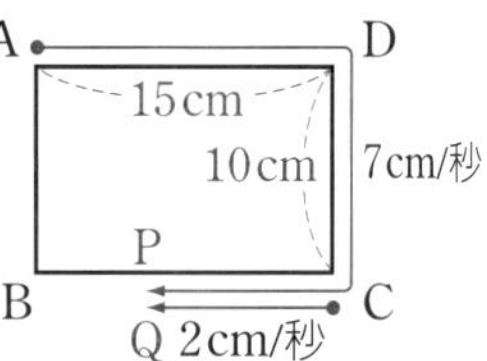

$10+15=25$ (cm)

になるときですから，出発してから

$25\div(7-2)=$**5** (秒後)

(2) 点Pが点Qに2回目に追いつくのは，はじめて追いついたあとから，さらに，点Pが点Qよりも1周多く動いたときになります。このとき，点Pと点Qが動いた長さの差は

$(10+15)\times2=50$ (cm)

ですから

$50\div(7-2)=10$ (秒後)

したがって，点Pが点Qに2回目に追いつくのは，動き始めてから

$5+10=$**15** (秒後)

9 (1) 2点P，Qの角速度は，毎秒

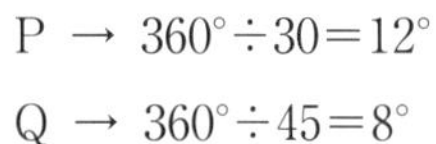

P → $360°\div30=12°$

Q → $360°\div45=8°$

図1

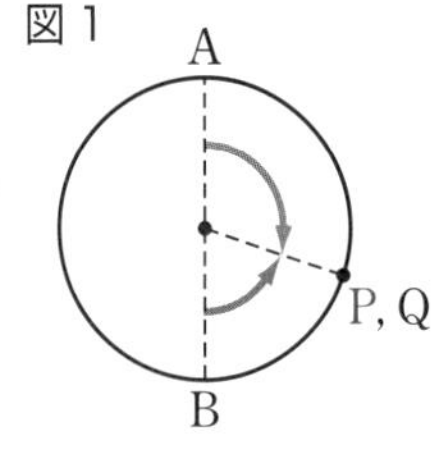

点Pと点Qがはじめて出会うのは，右の図1のように，点Pと点Qがまわった角度の和が180°になるときですから，出発してから

$180°\div(12°+8°)=$**9** (秒後)

(2) OPとOQがつくる角がはじめて30°になるのは，右の図2のように，点Pと点Qがまわった角度の和が

図2

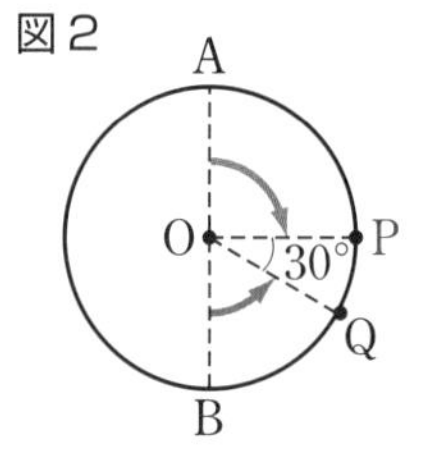

$180°-30°=150°$

になるときですから，出発してから

$150°\div(12°+8°)=$**7.5** (秒後)

10 2点P，Qの角速度は，毎秒

P → $360°\div7.2=50°$

Q → $360°\div72=5°$

図1

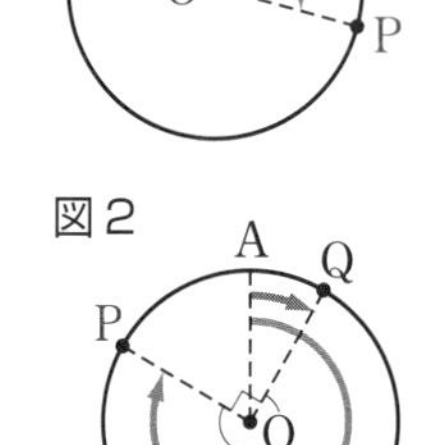

角POQが1回目に直角になるのは，右の図1，2回目に直角になるのは，右の図2のようになるときです。

図2

A Q P O 270°

したがって，角POQが2回目に直角になるのは，点Pの方が点Qよりも

$360°-90°=270°$

多くまわったときになりますから，出発してから

$270°\div(50°-5°)=$**6** (秒後)

練習問題 9-❶ の答え

問題➡本冊37ページ

1 **92°**　　2 **94°**　　3 **161.5°**

解き方

1 6時ちょうどから6時16分までに長針が進んだ角度は

$6°\times16=96°$

短針が進んだ角度は

$0.5°\times16=8°$

これらを時計の図にかきこむと右の図のようになります。

したがって，求める角度(図の x の角の大きさ)は

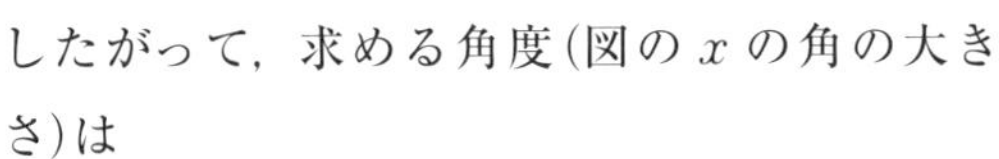

$180°+8°-96°=$ **92°**

2 9時ちょうどから9時32分までに長針が進んだ角度は

$6°\times32=192°$

短針が進んだ角度は

$0.5°\times32=16°$

これらを時計の図にかきこむと右の図のようになります。

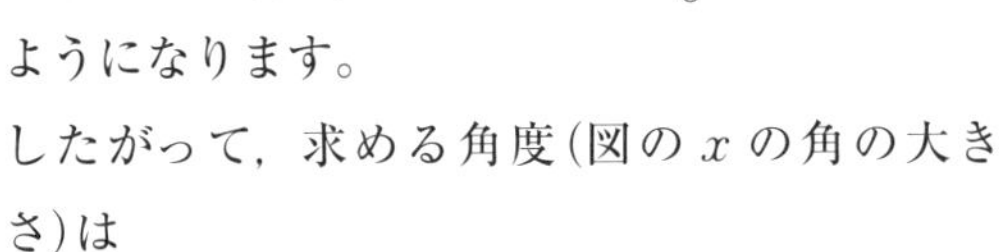

したがって，求める角度(図の x の角の大きさ)は

$270°+16°-192°=$ **94°**

3 2時ちょうどから2時47分までに長針が進んだ角度は

$6°\times47=282°$

短針が進んだ角度は

$0.5°\times47=23.5°$

これらを時計の図にかきこむと右の図のようになります。

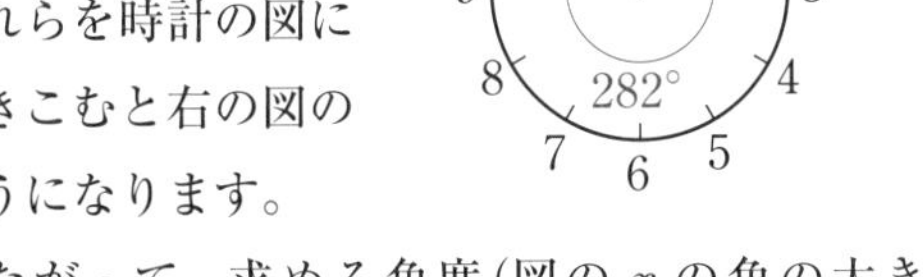

したがって，求める角度(図の x の角の大きさ)は

$360°-282°+60°+23.5°=$ **161.5°**

(別解)

2時47分は3時ちょうどから

$60-47=13$ (分)

だけもどした時刻ですから，それぞれの針を3時ちょうどから13分もどして考えます。長針がもどる角度は

$6°\times13=78°$

短針がもどる角度は

$0.5°\times13=6.5°$

したがって，求める角度(図の x の角の大きさ)は

$78°+90°-6.5°=$ **161.5°**

練習問題 9-❷ の答え

問題➡本冊39ページ

1 **3時 $16\frac{4}{11}$ 分**　　2 **7時 $38\frac{2}{11}$ 分**

3 **8時 $10\frac{10}{11}$ 分**

解き方

1 3時ちょうどに長針と短針がつくる角度は

$30°\times3=90°$

よって，長針と短針が重なるのは，長針が短針よりも90°多く進んだときになります。

長針は短針よりも，1分間に

$6°-0.5°=5.5°$

多く進みますから，求める時刻は

$90°\div5.5°=90\div\frac{11}{2}=90\times\frac{2}{11}$

$=16\frac{4}{11}$ (分) → **3時 $16\frac{4}{11}$ 分**

2 7時ちょうどに長針と短針がつくる角度は

$30°\times7=210°$

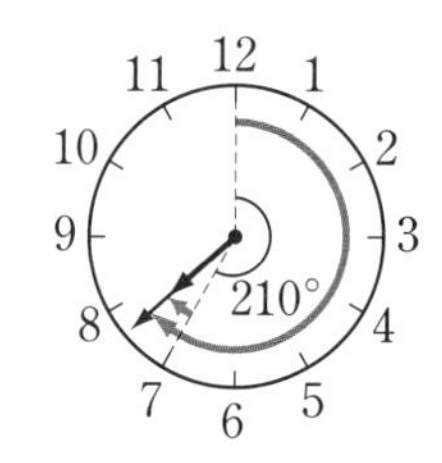

よって，長針と短針が重なるのは，長針が短針よりも210°多く進んだときになります。

長針は短針よりも，1分間に

$6°-0.5°=5.5°$

多く進みますから，求める時刻は

$$210°\div5.5°=210\div\frac{11}{2}=210\times\frac{2}{11}$$

$$=38\frac{2}{11}（分）\rightarrow \mathbf{7時38\frac{2}{11}分}$$

3 8時ちょうどに長針と短針がつくる角度は

$30°\times8=240°$

長針と短針が反対方向に一直線になるのは，長針が240°先にある短針に

$240°-180°=60°$

だけ近づいたときになります。

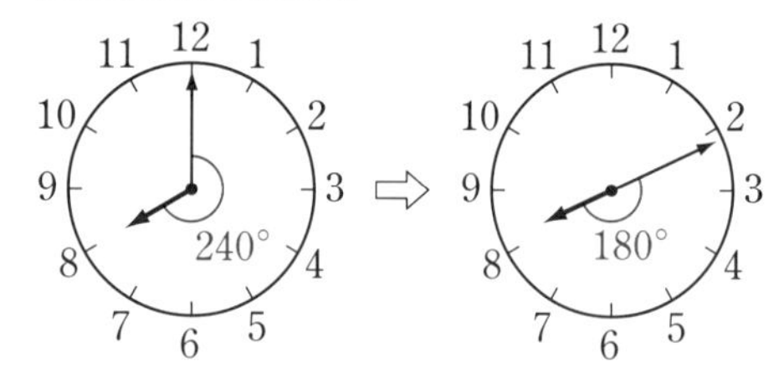

長針は短針よりも，1分間に

$6°-0.5°=5.5°$

多く進みますから，求める時刻は

$$60°\div5.5°=60\div\frac{11}{2}=60\times\frac{2}{11}$$

$$=10\frac{10}{11}（分）\rightarrow \mathbf{8時10\frac{10}{11}分}$$

9日目 時計算

10日目 通過算

練習問題 10-❶ の答え

問題➡本冊41ページ

1 毎秒 **25 m**　2 **3095 m**　3 **28 秒間**

解き方

1

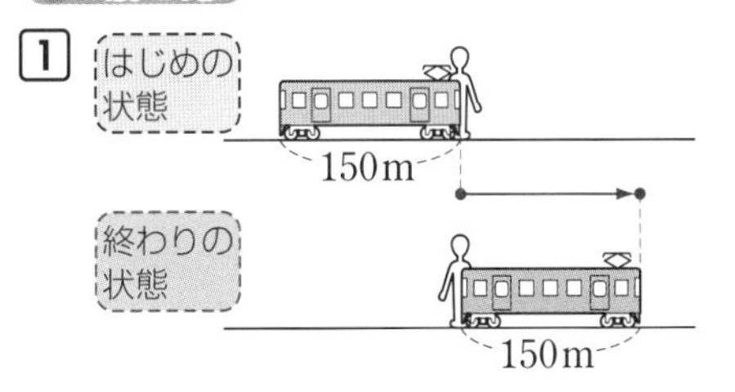

上の図より，列車が人の前を通過したときに進んだきょり（図の赤線の矢印のきょり）は列車の長さと等しく，150m です。したがって，この列車の速さは

150÷6＝**25 (m/秒)**

2

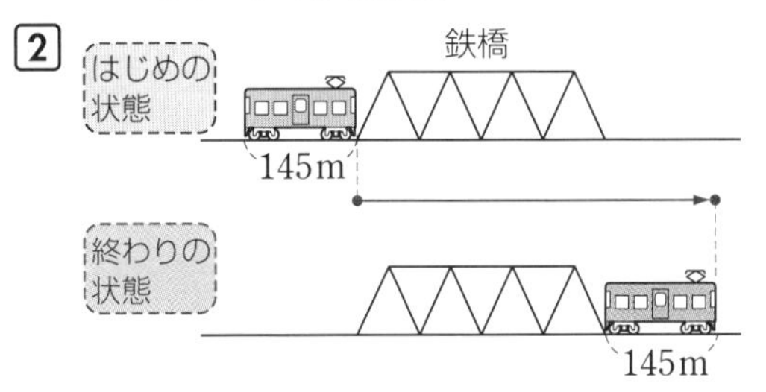

電車が鉄橋を通過するのにかかった時間は

4 分 30 秒＝270 秒

ですから，このときに進んだきょり（上の図の赤線の矢印のきょり）は

12×270＝3240 (m)

したがって，鉄橋の長さは

3240−145＝**3095 (m)**

3 時速 81km を秒速になおすと

81×1000÷60÷60＝22.5 (m/秒)

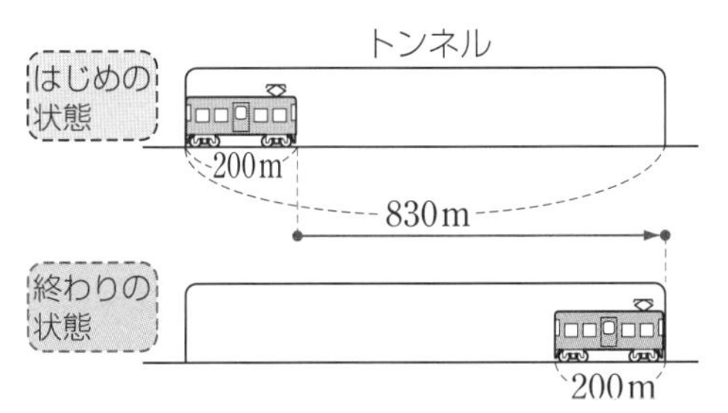

左下の図より，電車がトンネルに完全にかくれている間に進んだきょり（図の赤線の矢印のきょり）は

830−200＝630 (m)

したがって，電車がトンネルに完全にかくれている時間は

630÷22.5＝**28 (秒間)**

練習問題 10-❷ の答え

問題➡本冊43ページ

1 **90 m**　2 **95 m**　3 毎時 **48.6 km**

解き方

1 2つの列車の長さの和は

(12＋13)×6＝150 (m)

↑ 速さの和×すれちがいにかかる時間
＝列車の長さの和

ですから，下り列車の長さは

150−60＝**90 (m)**

2 2つの電車の長さの和は

(40−22.5)×16＝280 (m)

↑ 速さの差×追いこしにかかる時間
＝電車の長さの和

ですから，電車 B の長さは

280−185＝**95 (m)**

3 2つの列車の秒速の差は

(100＋160)÷65＝4 (m/秒)

↑ 列車の長さの和÷追いこしにかかる時間
＝速さの差

これを時速になおすと

4×60×60÷1000＝14.4 (km/時)

したがって，B 列車の速さは

63−14.4＝**48.6 (km/時)**

練習問題 11-❶ の答え

問題➡本冊45ページ

1 毎時 2.5km　2 3.6 時間　3 16 時間

解き方

1 上りの速さは

　$15 \div 2 = 7.5$ (km/時)

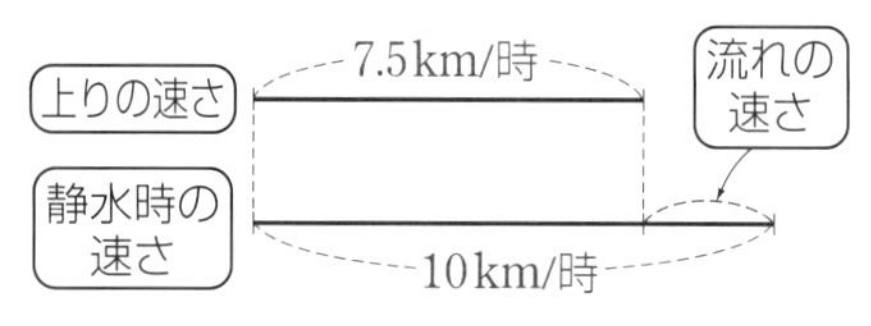

よって，この川の流れの速さは

　$10 - 7.5 =$ **2.5 (km/時)**

2 上りの速さは

　$24 \div 3 = 8$ (km/時)

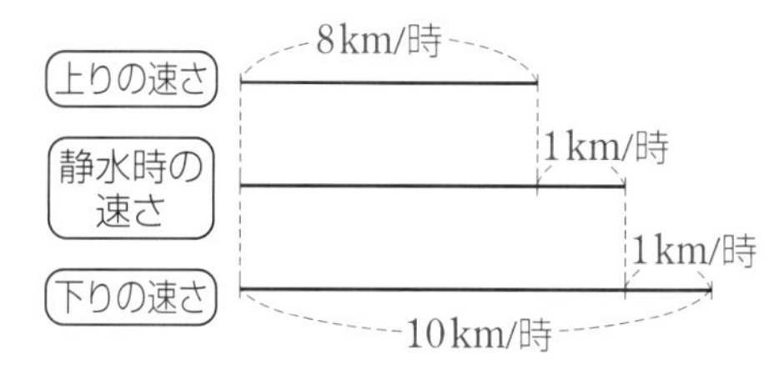

よって，下りの速さは

　$8 + 1 \times 2 = 10$ (km/時)

したがって，求める時間は

　$36 \div 10 =$ **3.6 (時間)**

3

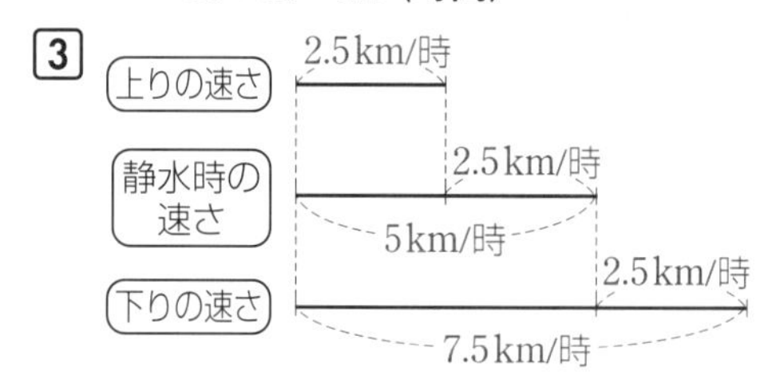

上りの速さは

　$5 - 2.5 = 2.5$ (km/時)

ですから，上りにかかる時間は

　$30 \div 2.5 = 12$ (時間)

下りの速さは

　$5 + 2.5 = 7.5$ (km/時)

ですから，下りにかかる時間は

　$30 \div 7.5 = 4$ (時間)

したがって，求める時間は

　$12 + 4 =$ **16 (時間)**

練習問題 11-❷ の答え

問題➡本冊47ページ

1 毎時 3km　2 毎時 12km

3 毎時 10.5km

解き方

1 下りの速さは　$30 \div 2 = 15$ (km/時)

上りの速さは　$15 \div 1\frac{40}{60} = 9$ (km/時)

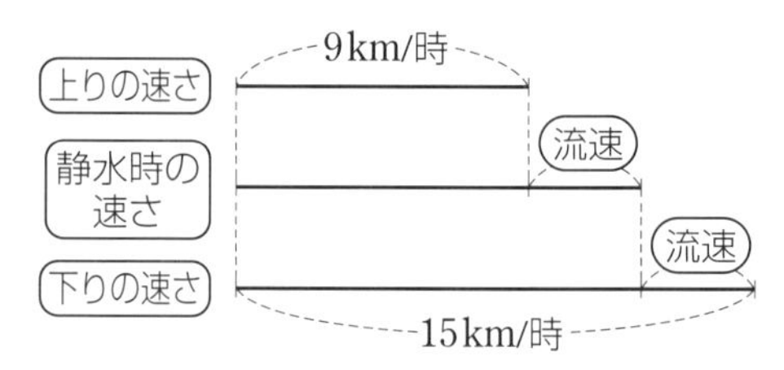

よって，この川の流れの速さ(流速)は

　$(15 - 9) \div 2 =$ **3 (km/時)**

　⬆(下りの速さ－上りの速さ)÷2
　＝川の流れの速さ

2 上りの速さは　$48 \div 6 = 8$ (km/時)

下りの速さは　$48 \div 3 = 16$ (km/時)

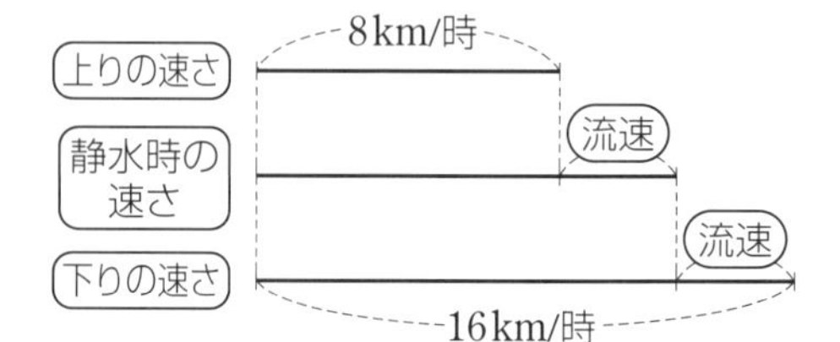

よって，この船の静水時の速さは

　$(8 + 16) \div 2 =$ **12 (km/時)**

　⬆(上りの速さ＋下りの速さ)÷2
　＝船の静水時の速さ

3 上りの速さは　27÷3＝9（km/時）

下りの速さは　27÷2＝13.5（km/時）

上りのときの川の流れの速さを①とすると，下りのときの川の流れの速さは②になります。

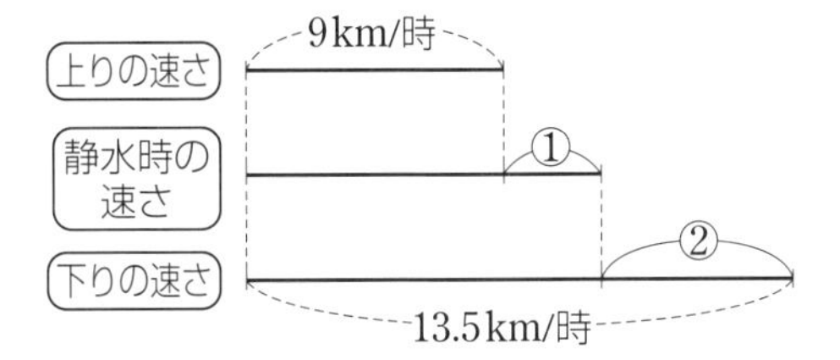

したがって，上の線分図より，①にあたる速さは

(13.5－9)÷(1＋2)＝1.5（km/時）

ですから，この船の静水時の速さは

9＋1.5＝**10.5（km/時）**

1 164°　**2** 64.5°　**3** 10時54$\frac{6}{11}$分

4 順に　5，27$\frac{3}{11}$　**5** 42.5秒

6 180m　**7** 毎時64.8km　**8** 15秒

9 時速7.5km　**10** 2時間30分

11 船…毎時7.2km，川…毎時1.2km

12 3分12秒後

解き方

1 8時ちょうどから8時8分までに，

長針が進んだ角度は

$6°\times8=48°$

短針が進んだ角度は

$0.5°\times8=4°$

これらを時計の図にかきこむと上の図のようになります。

したがって，求める角度(図の x の角の大きさ)は

$120°+48°-4°=$**164°**

2 5時ちょうどから5時39分までに，

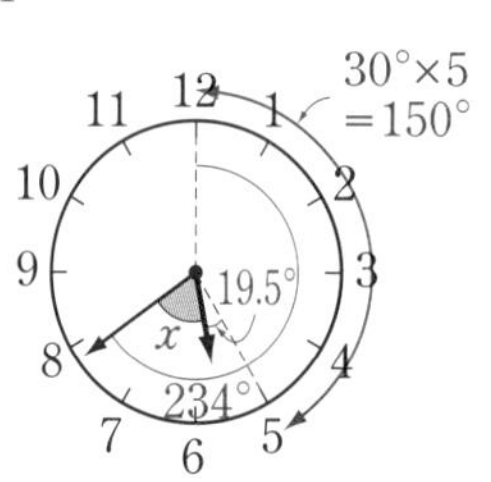

長針が進んだ角度は

$6°\times39=234°$

短針が進んだ角度は

$0.5°\times39°=19.5°$

これらを時計の図にかきこむと上の図のようになります。

したがって，求める角度(図の x の角の大きさ)は

$234°-(150°+19.5°)=$**64.5°**

3 10時ちょうどに長針と短針がつくる角度は

$30°\times10=300°$

よって，長針と短針が重なるのは長針が短針よりも300°多く進んだとき✎になりますから，求める時刻は

$300°\div(6°-0.5°)$

$=300°\div5.5°$

$=300\div\frac{11}{2}$

$=300\times\frac{2}{11}$

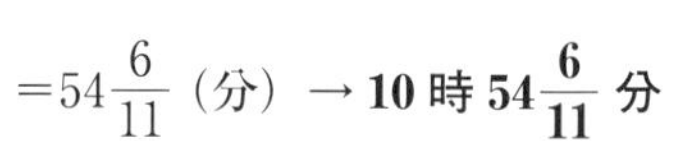

$=54\frac{6}{11}$（分）→**10時54$\frac{6}{11}$分**

4 7時ちょうどに長針と短針がつくる角度は

$30°\times7=210°$

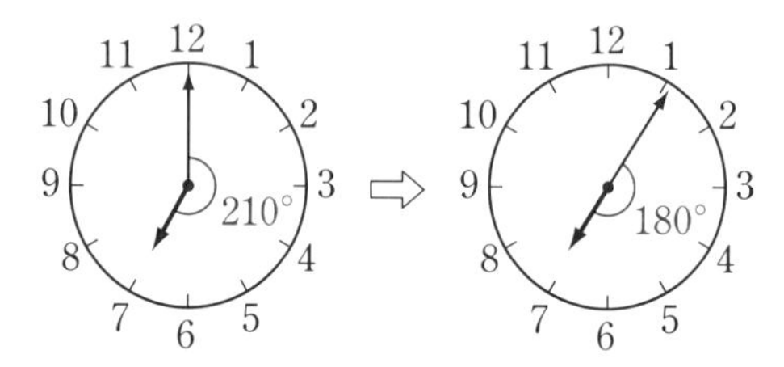

長針と短針が正反対の向きに一直線になるのは，長針が210°先にある短針に

$210°-180°=30°$

だけ近づいたとき✎になりますから

$30°\div(6°-0.5°)=30°\div5.5°=30\div\frac{11}{2}$

$=30\times\frac{2}{11}=5\frac{5}{11}$（分）

$\frac{5}{11}$分$=60$秒$\times\frac{5}{11}=27\frac{3}{11}$秒

したがって，求める時刻は，7時**5**分**27$\frac{3}{11}$**秒

(別解)

6時ちょうどの次に長針と短針が正反対の向きで一直線になるのは，6時ちょうどから長針が短針に180°追いついたあと，さらに180°ひきはなしたときです。この間に長針は短針よりも

$180°+180°=360°$

多く進むことになりますから，6時ちょうど

からの時間は

$360° \div (6° - 0.5°)$

$= 360° \div 5.5°$

$= 360 \div \frac{11}{2}$

$= 360 \times \frac{2}{11}$

$= 65\frac{5}{11}$（分）→ 1 時間 5 分 $27\frac{3}{11}$ 秒

よって，求める時刻は

6 時＋1 時間 5 分 $27\frac{3}{11}$ 秒

＝7 時 **5** 分 $\mathbf{27\frac{3}{11}}$ 秒

5 時速 86.4 km を秒速になおすと

$86.4 \times 1000 \div 60 \div 60 = 24$ (m/秒)

図 1

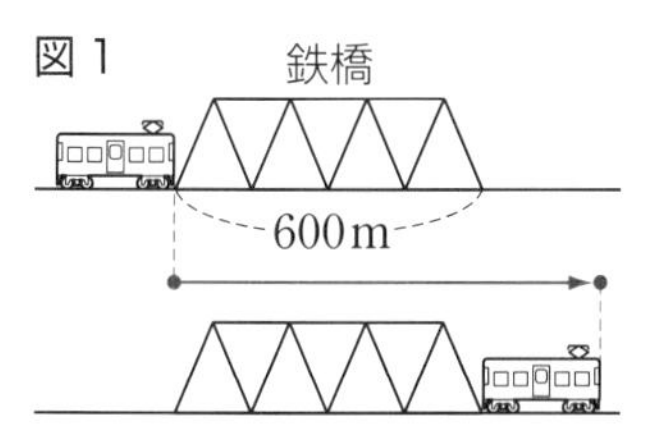

上の図 1 より，電車が鉄橋を通過するのに進んだきょり（図 1 の赤線の矢印のきょり）は

$24 \times 30 = 720$ (m)

ですから，この電車の長さは

$720 - 600 = 120$ (m)

図 2

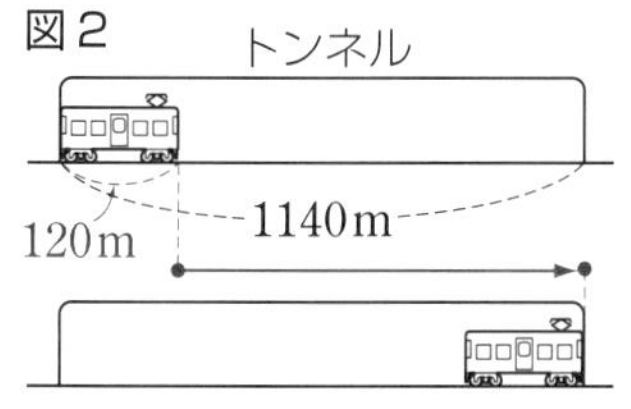

上の図 2 より，電車がトンネルに完全にかくれている間に進んだきょり（図 2 の赤線の矢印のきょり）は

$1140 - 120 = 1020$ (m)

したがって，電車がトンネルに完全にかくれている時間は

$1020 \div 24 =$ **42.5（秒）**

6

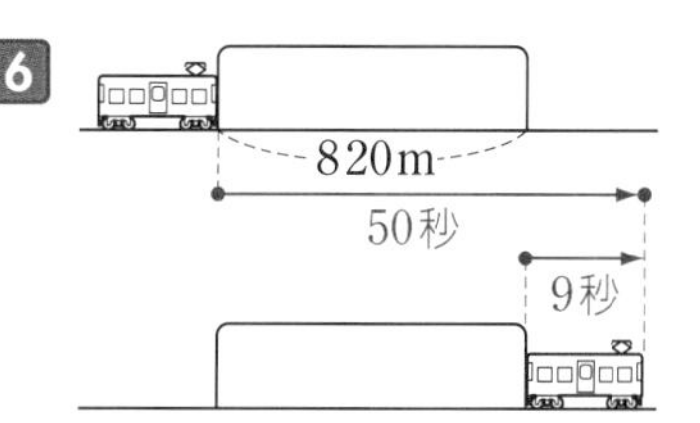

この電車は，トンネルを通過するのに（図の赤線の矢印のきょりを進むのに）50 秒かかり，電車の長さの分だけ進むのに 9 秒かかりますから，トンネルの長さ（820 m）の分だけ進むのにかかる時間は

$50 - 9 = 41$ (秒)

よって，この電車の速さは

$820 \div 41 = 20$ (m/秒)

ですから，電車の長さは

$20 \times 9 =$ **180 (m)**

7 2 つの列車の秒速の和は

$(50 + 70) \div 4 = 30$ (m/秒)

⬆ 列車の長さの和 ÷ すれちがいにかかる時間 ＝ 速さの和

これを時速になおすと

$30 \times 60 \times 60 \div 1000 = 108$ (km/時)

したがって，列車 B の速さは

$108 - 43.2 =$ **64.8 (km/時)**

8 2 つの電車の秒速の和は

$(100 + 80) \div 3 = 60$ (m/秒)

⬆ 電車の長さの和 ÷ すれちがいにかかる時間 ＝ 速さの和

電車 A の秒速は

$129.6 \times 1000 \div 60 \div 60 = 36$ (m/秒)

ですから，電車 B の秒速は

$60 - 36 = 24$ (m/秒)

したがって，電車 A が電車 B に追いついてから追いこすまでにかかる時間は

$(100 + 80) \div (36 - 24) =$ **15（秒）**

⬆ 電車の長さの和 ÷ 速さの差 ＝ 追いこしにかかる時間

9

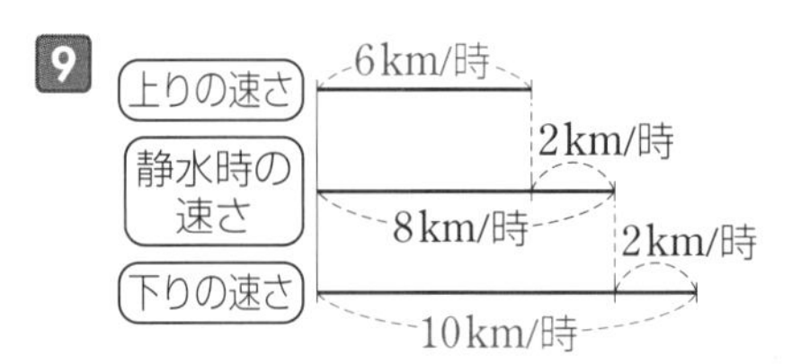

下りの速さは　8＋2＝10 (km/時)

ですから，下りにかかる時間は

24÷10＝2.4 (時間)

上りの速さは　8－2＝6 (km/時)

ですから，上りにかかる時間は

24÷6＝4 (時間)

したがって，このときの往復の平均の速さは

24×2÷(2.4＋4)＝**7.5 (km/時)**

10 下りの速さは　$28 \div 2\frac{40}{60}$＝10.5 (km/時)

ですから，このときの川の流れの速さ(流速)は

10.5－9＝1.5 (km/時)

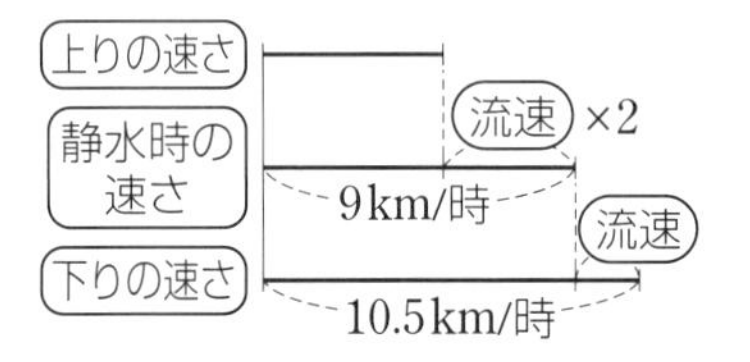

よって，川の流れの速さが2倍になったときの上りの速さは

9－1.5×2＝6 (km/時)

ですから，求める時間は

15÷6＝2.5 (時間) →**2時間30分**

11 上りの速さは　42÷7＝6 (km/時)

下りの速さは　42÷5＝8.4 (km/時)

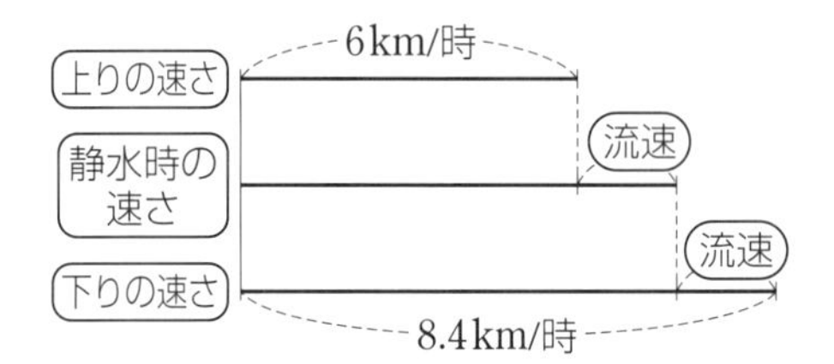

よって，この船の静水時の速さは

(6＋8.4)÷2＝**7.2 (km/時)**

(上りの速さ＋下りの速さ)÷2
＝船の静水時の速さ

この川の流れの速さは

(8.4－6)÷2＝**1.2 (km/時)**

(下りの速さ－上りの速さ)÷2
＝川の流れの速さ

12 「流れるプール」の問題も，流水算と同じ考え方で解くことができます。

流れに沿って泳ぐ速さは

160÷2＝80 (m/分)

流れにさからって泳ぐ速さは

160÷8＝20 (m/分)

よって，このプールの流れの速さは

(80－20)÷2＝30 (m/分)

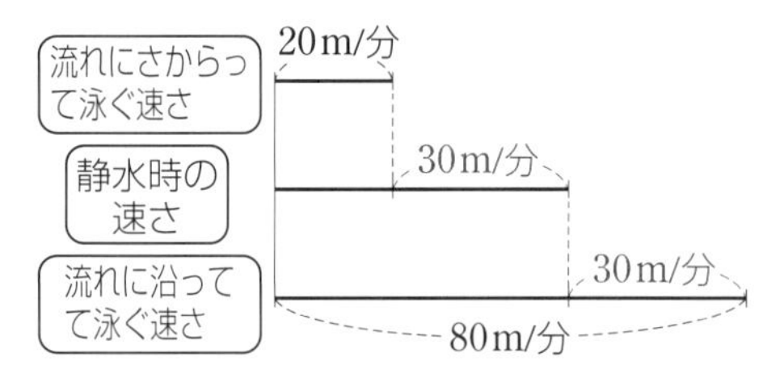

太郎さんがゴムボートを手放してから，太郎さんとゴムボートが出会うまでに進んだきょりの和は，このプール1周(160m)です。流れにさからって泳ぐ太郎さんの速さと，このプールの流れと同じ速さで進むゴムボートの速さの和は

20＋30＝50 (m/分)

したがって，求める時間は

160÷50＝3.2 (分) →**3分12秒後**

① **15**　② **102**　③ **10**
④ **10分後**　⑤ **時速46km**
⑥ (1) **分速150m**　(2) **8分後**
(3) **5分20秒後**
⑦ (1) **45分**　(2) **20km**
⑧ (1) **毎秒3cm**　(2) **24秒後**
⑨ **126**　⑩ **順に　4, 21, 49**
⑪ **360m**　⑫ **時速6km**

① 泳いだ時間は

2000÷40=50 (分)
↑進んだ道のり÷速さ=かかった時間

走った時間は

4000÷2=2000 (秒) →33分20秒
↑進んだ道のり÷速さ=かかった時間

よって，自転車をこいだ時間は

1時間55分20秒−50分−33分20秒
=32分

ですから，自転車の速さは

$8\div\frac{32}{60}=$**15** (km/時)
↑進んだ道のり÷かかった時間=速さ

② 時速3kmで歩いた時間を□時間として，面積図をかくと右のようになります。したがって，□にあてはまる数は，

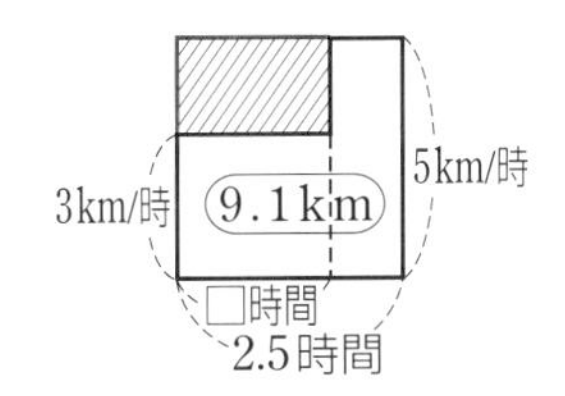

(5×2.5−9.1)÷(5−3)=1.7 (時間)
↑しゃ線部分の面積

より，求める時間は

60×1.7=**102** (分間)

③ 次郎さんが出発したときの2人の間のきょりは

1900−80×5=1500 (m)

2人が1分間で進むきょりの和(分速の和)は

80+70=150 (m)

ですから，2人が出会うのは，次郎さんが出発してから

1500÷150=**10** (分後)

④ 弟が出発したときの2人の間のきょりは

$4\times\frac{20}{60}=\frac{4}{3}$ (km)

2人が1時間で進むきょりの差(時速の差)は

12−4=8 (km)

ですから，弟が兄に追いつくのは，弟が出発してから

$\frac{4}{3}\div8=\frac{1}{6}$ (時間後) → **10分後**

⑤ 2人が1時間で走るきょりの差(時速の差)は

75÷5=15 (km)

2人が1時間で走るきょりの和(時速の和)は

321÷3=107 (km)

よって，和差算で，Aの時速は

(107−15)÷2=**46 (km/時)**

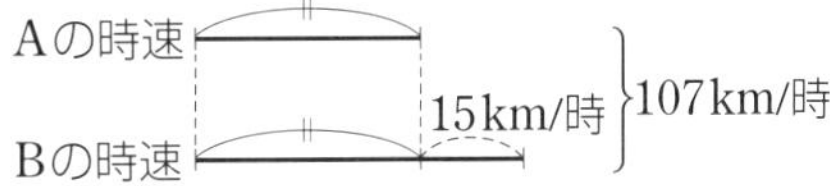

⑥ (1) 弟の分速は　1800÷30=60 (m/分)

兄の分速は　60×2.5=**150 (m/分)**

(2) 兄が家から公園まで行くのにかかる時間は

1800÷150=12 (分)

ですから，兄が家を出たのは，弟が家を出てから

20−12=**8 (分後)**

です。

(3) 兄が出発したときの2人の間のきょり(グラフの㋐のきょり)は

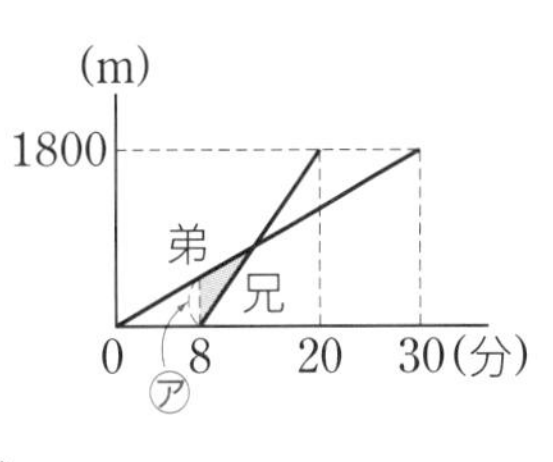

60×8=480 (m)

したがって，兄が弟に追いついたのは，兄が家を出てから

$480\div(150-60)=5\frac{1}{3}$（分後）→ **5 分 20 秒後**

↑ 2人の間のきょり÷2人の速さの差＝追いつくまでの時間

⑦ (1) AB 間を進むのにかかる時間は，

太郎さんが　$45000\div250=180$（分）

次郎さんが　$45000\div200=225$（分）

ですから，太郎さんがと中で休んだ時間は

$225-180=$ **45（分）**

(2) 右のグラフの色がついた三角形に着目して考えます。2 人がすれちがってから，同時にとう着するまでの時間は

$45000\div(250+200)=100$（分）

よって，A 市から 2 人がすれちがった地点までのきょりは，次郎さんが 100 分で進むきょりと同じですから

$200\times100=20000$（m）→ **20 km**

⑧ (1) $24\div8=$ **3（cm/秒）**

(2) 点 Q の速さは　$16\div8=2$（cm/秒）

点 P が点 Q に追いつくのは，右の図のように，点 P と点 Q が動いた長さの差が 24 cm になるときですから，2 点が出発してから

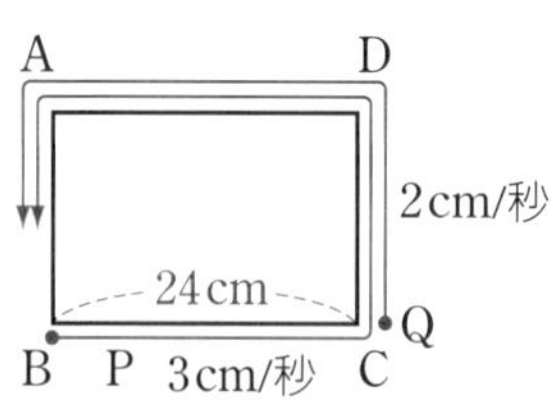

$24\div(3-2)=$ **24（秒後）**

⑨ 10 時ちょうどから 10 時 12 分までに，

長針が進んだ角度は　$6°\times12=72°$

短針が進んだ角度は　$0.5°\times12=6°$

これらを時計の図にかきこむと，右の図のようになります。

したがって，求める角度（図の x の角の大きさ）は

$72°+60°-6°=$ **126°**

⑩ 4 時ちょうどに長針と短針がつくる角度は

$30°\times4=120°$

よって，長針と短針が重なるのは，長針が短針よりも 120° 多く進んだときになりますから

$120°\div(6°-0.5°)$

$=120°\div5.5°$

$=120\div\frac{11}{2}$

$=120\times\frac{2}{11}$

$=21\frac{9}{11}$（分）

$\frac{9}{11}$ 分 $=60$ 秒 $\times\frac{9}{11}=49\frac{1}{11}$（秒）$=49.0\cdots$（秒）

したがって，求める時刻は，**4 時 21 分 49 秒**

⑪ 時速 72 km を秒速になおすと

$72\times1000\div60\div60=20$（m/秒）

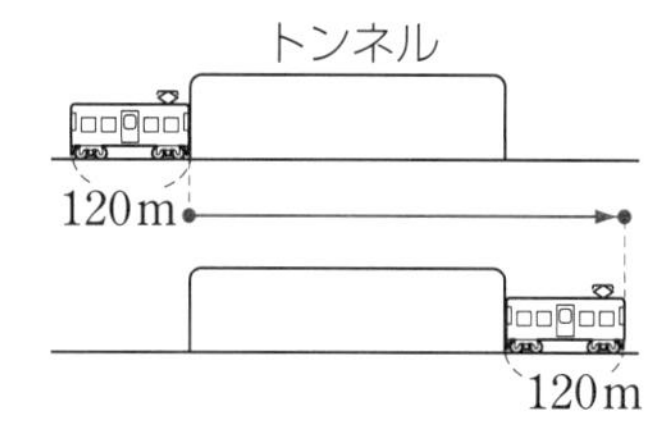

列車が 24 秒で進んだきょり（上の図の赤線の矢印のきょり）は

$20\times24=480$（m）

したがって，トンネルの長さは

$480-120=$ **360（m）**

⑫ 上りの速さは　$72\div6=12$（km/時）

下りの速さは　$72\div3=24$（km/時）

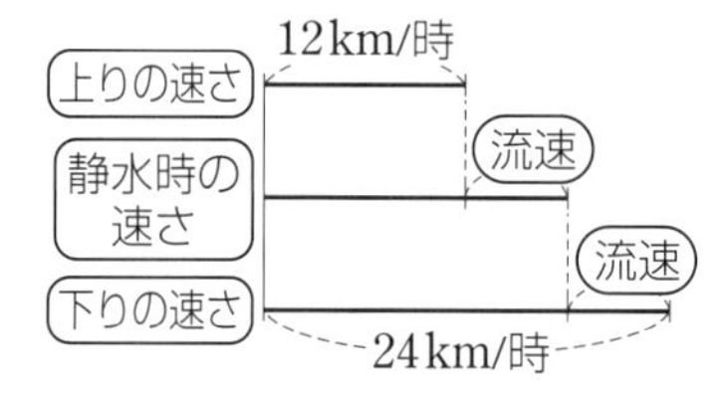

よって，川の流れの速さは

$(24-12)\div2=$ **6（km/時）**

↑（下りの速さ－上りの速さ）÷2＝川の流れの速さ

問題➡本冊58ページ

① **時速 3.6 km** ② **毎分 120 m**

③ **4 分 30 秒**

④ **太郎…毎分 105 m，次郎…毎分 75 m**

⑤ (1) **7 km** (2) **8 時 45 分**

⑥ (1) **20** (2) **50**

⑦ (1) **60 秒後** (2) **90 秒後**

⑧ **3 時 $49\frac{1}{11}$ 分** ⑨ **時速 54 km**

⑩ **252** ⑪ **$8\frac{4}{7}$** ⑫ **12**

解き方

① 行きにかかった時間は

$5\div5=1$ (時間)

⬆ 進んだ道のり ÷ 速さ ＝ かかった時間

往復にかかった時間は

$5\times2\div4.2=2\frac{8}{21}$ (時間)

⬆ 進んだ道のり ÷ 速さ ＝ かかった時間

よって，帰りにかかった時間は

$2\frac{8}{21}-1=1\frac{8}{21}$ (時間)

ですから，帰りの時速は

$5\div1\frac{8}{21}=3.62\cdots$ (km/時) → **時速 3.6 km**

⬆ 進んだ道のり ÷ かかった時間 ＝ 速さ

② 妹が 12 分間で進むきょりは

$40\times12=480$ (m)

姉が出発してから妹に追いつくまでに

10 時 14 分－12 分－9 時 56 分＝6 (分)

かかっていますから，2 人が 1 分間に進むきょりの差(分速の差)は

$480\div6=80$ (m)

したがって，姉の速さは

$40+80=$ **120 (m/分)**

③ 真さんと明さんが 1 分間に進むきょりの和(分速の和)は

$1800\div4=450$ (m)

ですから，真さんの分速は

$450-210=240$ (m/分)

よって，真さんと洋さんが 1 分間に進むきょりの和(分速の和)は

$240+160=400$ (m)

ですから，真さんと洋さんは

$1800\div400=4.5$ (分)

＝**4 分 30 秒**

ごとにすれちがいます。

④ 2 人が 1 分間に進むきょりの差(分速の差)は

$1800\div60=30$ (m)

⬆ 公園のまわりの長さ ÷ 追いこすまでの時間 ＝ 分速の差

2 人が 1 分間に進むきょりの和(分速の和)は

$1800\div10=180$ (m)

⬆ 公園のまわりの長さ ÷ 出会うまでの時間 ＝ 分速の和

よって，和差算で，太郎さんの分速は

$(180+30)\div2=$ **105 (m/分)**

次郎さんの分速は

$105-30=$ **75 (m/分)**

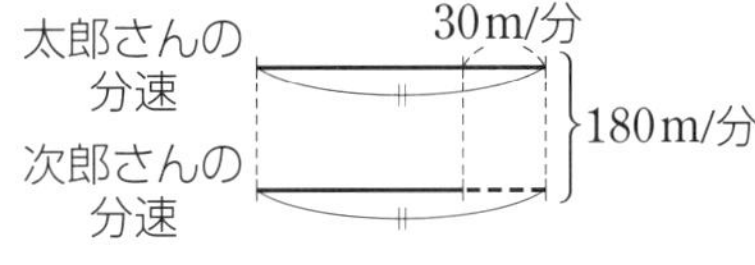

⑤ (1) バスは片道 21 km を 30 分 (＝0.5 時間) で進んでいますから，バスの時速は

$21\div0.5=42$ (km/時)

太郎さんは片道 21 km を

9 時－7 時 30 分＝1 時間 30 分＝1.5 時間

で進んでいますから，太郎さんの時速は

$21\div1.5=14$ (km/時)

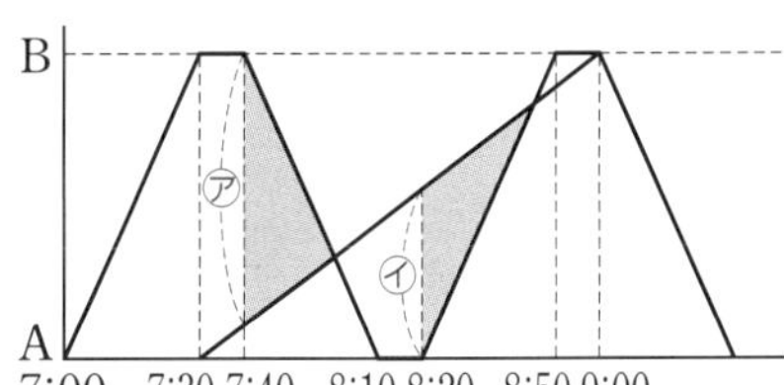

7 時 40 分のときのバスと太郎さんの間のきょり(グラフの㋐のきょり)は

$$21-14\times\frac{10}{60}=\frac{56}{3}\ (\text{km})$$

したがって，バスと太郎さんが最初に出会うのは，7 時 40 分から

$$\frac{56}{3}\div(42+14)=\frac{1}{3}\ (\text{時間後})$$

$=20$ (分後)

↑ 間のきょり ÷速さの和 ＝出会うまでの時間

このときまでに太郎さんが進んだ時間は

7時40分＋20分－7時30分＝30分

＝0.5時間

ですから，求めるきょりは

14×0.5＝**7 (km)**

(2) 8 時 20 分のときのバスと太郎さんの間のきょり(グラフの㋑のきょり)は，太郎さんが

8 時 20 分－7 時 30 分＝50 分

で進んだきょりになりますから

$$14\times\frac{50}{60}=\frac{35}{3}\ (\text{km})$$

したがって，太郎さんがバスに追いこされるのは，8 時 20 分から

$$\frac{35}{3}\div(42-14)=\frac{5}{12}\ (\text{時間後})$$

$=25$ (分後)

↑ 間のきょり ÷速さの差 ＝追いこされる時間

ですから，求める時刻は

8 時 20 分＋25 分＝**8 時 45 分**

⑥ (1) 直線 PQ が辺 AB とはじめて平行になるのは，下の図 1 のようになるときです。

図 1

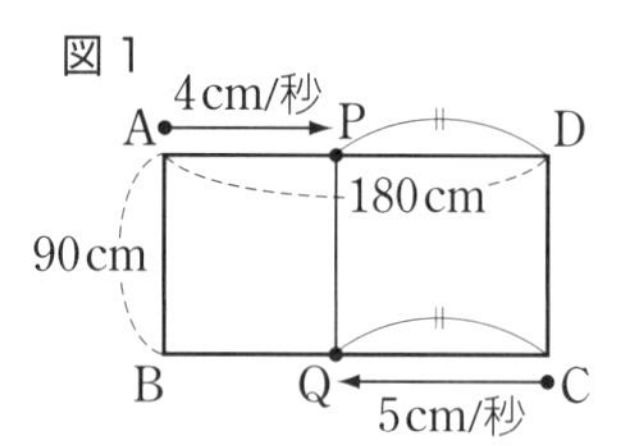

このとき，AP＋CQ＝180 cm ですから，P と Q の進んだ長さの和は 180 cm になります。

したがって，直線 PQ が辺 AB とはじめて平行になるのは，出発してから

180÷(4＋5)＝**20** (秒後)

(2) 直線 PQ が辺 AD とはじめて平行になるのは，下の図 2 のようになるときです。

図 2

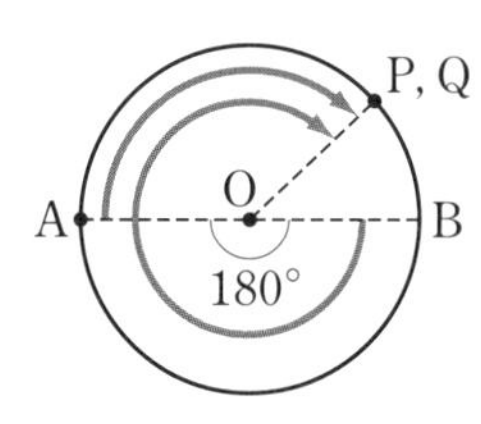

このとき，DP＋BQ＝90 cm ですから，P と Q の進んだ長さの和は

180×2＋90＝450 (cm)

になります。

したがって，直線 PQ が辺 AD とはじめて平行になるのは，出発してから

450÷(4＋5)＝**50** (秒後)

⑦ (1) 2 点 P，Q の角速度は，毎秒

P→ 360°÷60＝6°

Q→ 360°÷40＝9°

点 Q が点 P にはじめて追いつくのは，右の図 1 のように，点 Q が点 P よりも 180° 多くまわったときですから，

出発してから

180°÷(9°－6°)＝**60 (秒後)**

図 1

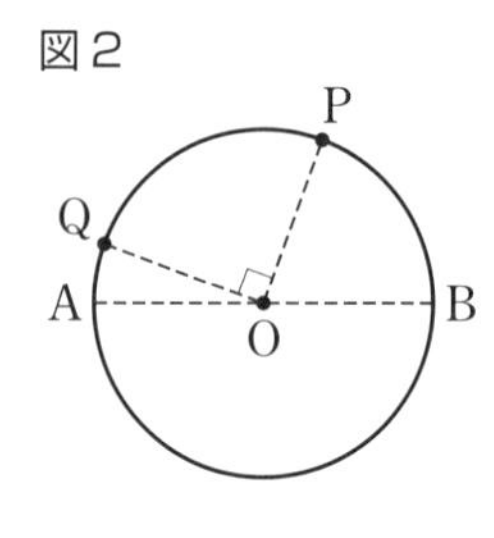

(2) OP と OQ がつくる角が 1 回目に直角になるのは，右の図 2，2 回目に直角になるのは，右の図 3 のようになるときです。

図 2

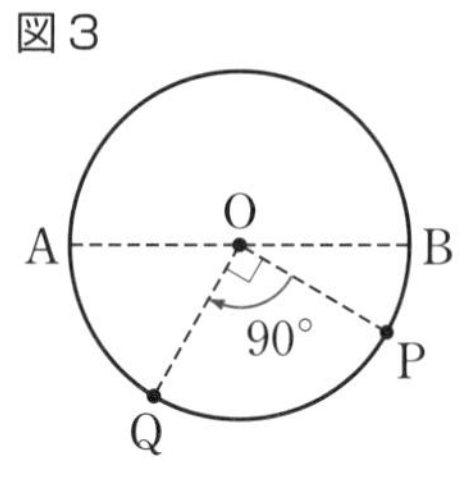

したがって，OP と OQ がつくる角が 2 回目に直角になるのは，点 Q が点 P に追いついたあと，さらに 90° ひきはなしたときになりますから，追いついてから

図 3

$90°÷(9°-6°)=30$（秒後）

になります。これと(1)より，出発してからは

$60+30=$**90（秒後）**

⑧ 3時ちょうどに長針と短針がつくる角度は

$30°×3=90°$

長針と短針が重ならないで一直線になるのは，長針が90°先にある短針に追いついたあと，さらに180°ひきはなしたときになりますから

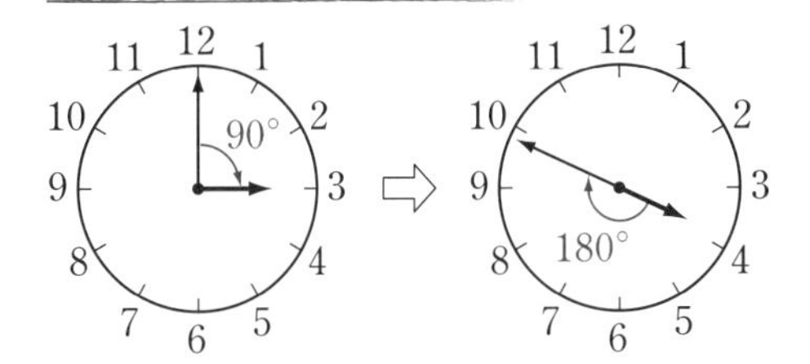

$(90°+180°)÷(6°-0.5°)$

$=270°÷5.5°$

$=270÷\frac{11}{2}$

$=270×\frac{2}{11}$

$=49\frac{1}{11}$（分）

よって，求める時刻は　**3時$49\frac{1}{11}$分**です。

⑨ 2つの電車の秒速の和は

$(200+160)÷12=30$（m/秒）

電車の長さの和÷すれちがいにかかる時間＝速さの和

より，1つの電車の秒速は

$30÷2=15$（m/秒）

これを時速になおすと

$15×60×60÷1000=$**54（km/時）**

⑩ 時速126km，時速90kmをそれぞれ秒速になおすと

$126×1000÷60÷60=35$（m/秒）

$90×1000÷60÷60=25$（m/秒）

2つの列車の長さの和は

$(35-25)×48=480$（m）

速さの差×追いこしにかかる時間＝列車の長さの和

より，求める列車の長さは

$480-228=$**252**（m）

⑪ AからBへ向かう船の下りの速さは

$10+5=15$（km/時）

BからAへ向かう船の上りの速さは

$25-5=20$（km/時）

したがって，2つの船がすれちがうのは，出発してから

$5÷(15+20)=\frac{1}{7}$（時間後）

→ **$8\frac{4}{7}$分後**

⑫ ある日の上りの速さは

$126÷14=9$（km/時）

次の日の上りの速さは

$126÷15=8.4$（km/時）

ある日の川の流れの速さを①とすると，次の日の川の流れの速さは⑴.⑵になります。

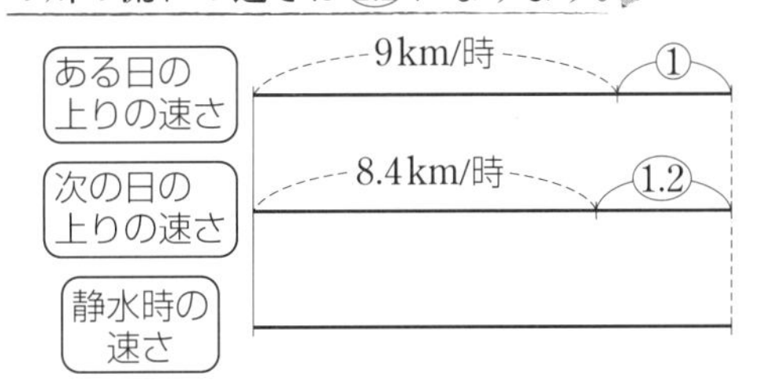

したがって，上の線分図より，①にあたる速さは

$(9-8.4)÷(1.2-1)=3$（km/時）

ですから，この船の静水時の速さは

$9+3=$**12**（km/時）

③

(MEMO)